中国地质大学(武汉)教学研究改革项目资助
勘查地球物理系列教材

井中地球物理

JING ZHONG DIQIU WULI

骆 淼 马火林 曾富强 潘和平 编著

中国地质大学出版社
ZHONGGUO DIZHI DAXUE CHUBANSHE

图书在版编目(CIP)数据

井中地球物理/骆淼等编著. —武汉:中国地质大学出版社,2024.3
ISBN 978-7-5625-5806-4

Ⅰ.①井… Ⅱ.①骆… Ⅲ.①井中物探-地球物理勘探 Ⅳ.①P631.8

中国国家版本馆 CIP 数据核字(2024)第 050811 号

井中地球物理	骆 淼 马火林 曾富强 潘和平 **编著**
责任编辑:王 敏	选题策划:王 敏　　　　　责任校对:宋巧娥

出版发行:中国地质大学出版社(武汉市洪山区鲁磨路388号)　　邮编:430074
电　　话:(027)67883511　　传　　真:(027)67883580　　E-mail:cbb@cug.edu.cn
经　　销:全国新华书店　　　　　　　　　　　　　　　　　　http://cugp.cug.edu.cn

开本:787毫米×1092毫米　1/16　　　　　　字数:275千字　　　印张:10.75
版次:2024年3月第1版　　　　　　　　　　　印次:2024年3月第1次印刷
印刷:湖北睿智印务有限公司

ISBN 978-7-5625-5806-4　　　　　　　　　　　　　　　　　　　定价:45.00元

如有印装质量问题请与印刷厂联系调换

前　言

井中地球物理是勘探地球物理的一个重要分支,泛指与钻孔有关的所有地球物理勘查方法,这些方法都需要借助钻孔进行数据采集。其中,测井是最主要的井中地球物理测量方法,所以井中地球物理经常也被称作地球物理测井(简称测井)。经过将近100年的发展,井中地球物理除了包含几十种测井方法外,还包括许多井中物探和跨孔地球物理成像方法。近年,新的井中地球物理方法和仪器不断出现,原有的方法技术也在持续更新和升级,因此,编著者根据相关知识内容的发展与变化编写了这本教材。

本教材的内容包含了常用的测井方法和一些新的测井方法(如光学成像测井、远场声波成像测井等),还包含了常用的井中物探方法和跨孔地球物理成像方法。全书共10章,第1章为绪论,第2章至第6章按照不同物理方法分类介绍相关测井技术,第7章介绍成像测井,第8章介绍随钻测井,第9章介绍井中物探,第10章介绍跨孔地球物理成像。

本教材所包含的井中地球物理方法比较多,知识点涵盖面较广,限于篇幅,仅对重要方法和常用方法的测量原理和资料应用进行介绍,在方法原理介绍部分尽量做到通俗易懂,适当增加示意图和应用案例,以便读者直观认识和掌握各种方法的测量原理和应用技巧。

本教材由骆淼、马火林、曾富强、潘和平合作编写。第1章至第3章由骆淼编写,第4章由曾富强编写,第5章由马火林编写,第6章至第10章由骆淼编写。马火林和潘和平对全书进行了校对,全书由骆淼负责定稿。

本教材参考和引用了众多专家学者的研究成果和出版资料,在此对这些专家学者的辛勤工作表示感谢!

本教材在编写过程中得到了中国地质大学(武汉)本科生院、地球物理与空间信息学院领导和同事的大力支持和帮助,在此表示感谢!

书中难免有不确切的地方,欢迎读者批评指正。

编著者
2023年8月6日于武汉

目 录

1 绪 论 …………………………………………………………………………… (1)
  1.1 井中地球物理定义 ………………………………………………………… (1)
  1.2 储集层 ……………………………………………………………………… (4)
  1.3 标准测井图件 ……………………………………………………………… (7)
2 钻孔工程测井 ………………………………………………………………… (9)
  2.1 钻孔的类型 ………………………………………………………………… (9)
  2.2 井径测井 …………………………………………………………………… (10)
  2.3 井斜测井 …………………………………………………………………… (13)
  2.4 井温测井 …………………………………………………………………… (14)
3 核测井 ………………………………………………………………………… (16)
  3.1 核测井基础知识 …………………………………………………………… (16)
  3.2 自然伽马测井 ……………………………………………………………… (18)
  3.3 自然伽马能谱测井 ………………………………………………………… (23)
  3.4 密度测井 …………………………………………………………………… (26)
  3.5 中子测井 …………………………………………………………………… (35)
4 声波测井 ……………………………………………………………………… (48)
  4.1 岩石的弹性参数 …………………………………………………………… (48)
  4.2 岩石的声学参数 …………………………………………………………… (50)
  4.3 声波时差测井 ……………………………………………………………… (53)
  4.4 声波幅度测井 ……………………………………………………………… (60)
  4.5 长源距声波全波列测井 …………………………………………………… (65)
  4.6 阵列声波测井 ……………………………………………………………… (67)
  4.7 偶极横波测井 ……………………………………………………………… (68)
5 电测井 ………………………………………………………………………… (71)
  5.1 岩石的电性参数 …………………………………………………………… (71)
  5.2 自然电位测井 ……………………………………………………………… (76)

5.3 普通电阻率测井 ……………………………………………………………… (85)

5.4 侧向测井 ……………………………………………………………………… (93)

5.5 感应测井 ……………………………………………………………………… (100)

5.6 方位电阻率测井 ……………………………………………………………… (105)

5.7 介电测井 ……………………………………………………………………… (106)

5.8 电测井方法小结 ……………………………………………………………… (108)

6 核磁共振测井 ……………………………………………………………………… (110)

6.1 核磁共振现象 ………………………………………………………………… (110)

6.2 核磁共振信号探测 …………………………………………………………… (111)

6.3 岩石核磁共振弛豫机理 ……………………………………………………… (113)

6.4 核磁共振测井原理 …………………………………………………………… (115)

6.5 核磁共振测井的应用 ………………………………………………………… (121)

7 成像测井 …………………………………………………………………………… (125)

7.1 光学成像测井 ………………………………………………………………… (126)

7.2 超声波成像测井 ……………………………………………………………… (126)

7.3 微电阻率扫描成像测井 ……………………………………………………… (130)

7.4 三维远场声波成像测井 ……………………………………………………… (135)

8 随钻测井 …………………………………………………………………………… (136)

8.1 MWD 与 LWD ………………………………………………………………… (136)

8.2 随钻远探-前视测井 …………………………………………………………… (138)

9 井中物探 …………………………………………………………………………… (140)

9.1 磁化率测井 …………………………………………………………………… (140)

9.2 磁三分量测井 ………………………………………………………………… (142)

9.3 井中瞬变电磁法 ……………………………………………………………… (148)

9.4 井中激发极化法 ……………………………………………………………… (152)

10 跨孔地球物理成像 ……………………………………………………………… (155)

10.1 跨孔电磁波层析成像 ………………………………………………………… (155)

10.2 跨孔地震层析成像 …………………………………………………………… (160)

10.3 跨孔电阻率层析成像 ………………………………………………………… (161)

主要参考文献 ………………………………………………………………………… (164)

1 绪 论

本章主要介绍井中地球物理(borehole geophysics)的定义和方法分类,另外将对储集层、储层参数、泥浆侵入等基本概念进行解释。

1.1 井中地球物理定义

地球物理勘探按照测量方式的不同可分为航空地球物理勘探、海洋地球物理勘探、地面地球物理勘探和井中地球物理勘探。

井中地球物理泛指在钻孔中进行的所有地球物理测量方法,包括了在单井中进行测量的各种地球物理测井方法、地面-井中联合测量的地球物理方法和跨孔测量的地球物理方法。

井中地球物理与地面地球物理所使用的大多数探测方法在原理上是相似的,但由于井下探测的特殊性,其探测环境、研究对象、影响因素、数据处理和资料解释技术等都与地面地球物理有所不同。井中地球物理方法都需要借助钻孔进行数据采集,没有钻孔无法工作,在钻孔中探测,仪器通常距离目标更近,探测效果更好。

1.1.1 单井测量

单井测量是井中地球物理最常用的测量方式,一般称为测井(well logging)。

测井的定义:在钻孔中,以不同岩石的物理特性(如放射性强度、密度、电阻率、波速度、含氢指数等)差异为基础,采用相应的地球物理方法和仪器连续地测量地层某种物性参数随钻孔深度的变化特征,再利用测量数据解决钻孔内的各种地质与工程问题(如岩性识别、裂缝识别、储层参数评价、地层倾角计算、固井质量评价等)。

测井是地球物理勘探方法的一个重要分支,被誉为地质学家的"眼睛",主要服务于油气、固体矿、地热等资源的勘探开发。测井涉及测井方法理论、测井仪器、数据采集、测井资料处理与解释等方面的知识和技术,是一门实践性很强的学科。根据探测对象及研究任务的不同,测井可以细分为石油测井、煤田测井、固体矿产矿测井、水文工程测井、地热测井等。无论哪一类测井,都是根据探测对象与围岩的物理性质差异,通过几种物理参数的测定来研究钻井地质剖面,确定目的层段,并对其进行定量或半定量评价。

图 1-1 是浅钻孔的测井野外施工示意图,浅钻孔一般用于水文地质勘查、金属矿勘探、工

程地质勘查等领域。图 1-2 是深钻孔的测井野外施工示意图,深钻孔一般用于煤炭、地热、油气等资源的勘探和开发。

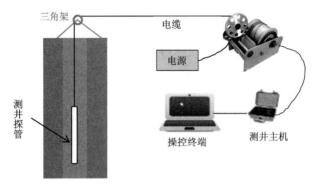

图 1-1　浅钻孔测井野外施工示意图(一般井深小于 2000m)

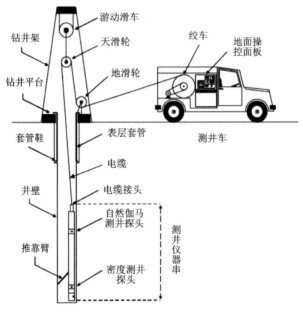

图 1-2　深钻孔测井野外施工示意图(一般井深大于 2000m)

常用的测井方法包括自然伽马测井、自然伽马能谱测井、自然电位测井、井径测井、温度测井、密度测井、中子测井、各种电阻率测井、各种声波测井、核磁共振测井等。表 1-1 给出了常用测井方法的英文符号和测量参数等信息。

表 1-1　常用测井方法及其测量参数和探测范围

测井方法	符号/单位	测量参数	探测范围
井径	CAL/cm	钻孔的直径	无
井斜角	DEV/(°)	钻孔倾斜角度	无
井斜方位	AZI/(°)	钻孔倾斜方位角	无

续表 1-1

测井方法	符号/单位	测量参数	探测范围
自然电位	SP/mV	地层相对地表的电位	无
自然伽马	GR/API	地层的放射性	50cm
自然伽马能谱	NGS	地层中 K、U、Th 的含量	50cm
密度	DEN/(g·cm^{-3})	地层的密度	10cm
中子孔隙度	CNL/%	地层的含氢量(孔隙度)	23cm
声波时差	AC/(μs·m^{-1})	地层声波纵波速度的倒数	20～30cm
深侧向电阻率	LLD/(Ω·m)	地层深部(原地层)的电阻率	150～220cm
浅侧向电阻率	LLS/(Ω·m)	地层浅部(侵入带)的电阻率	20～50cm
深感应电阻率	ILD/(Ω·m)	地层深部(原地层)的电阻率	150cm
中感应电阻率	ILM/(Ω·m)	地层浅部(侵入带)的电阻率	55cm
微球形聚焦	MSFL/(Ω·m)	地层浅部(冲洗带)的电阻率	5cm
八侧向电阻率	LL8/(Ω·m)	地层浅部(冲洗带)的电阻率	10cm
核磁共振测井	CMR	岩石孔隙度、孔隙结构	10cm

1.1.2 跨孔测量

在工程地质勘查中,同一个区域布置多口浅井的时候(井与井之间的距离较小,一般小于 50m),为了探查井周或井间地质目标体,可以采用跨孔地球物理测量。如图 1-3 所示,有 A、B、C、D 四口井,任意两口井之间都可以进行跨孔测量,例如在 A 井发射,在 B 井接收,可以探测 A 井和 B 井之间区域的地质异常。

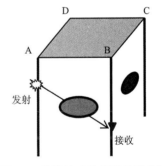

图 1-3 跨孔地球物理测量示意图

常见跨孔地球物理测量方法有跨孔电磁波层析成像、跨孔地震波层析成像、跨孔电阻率层析成像。这些方法主要应用于浅层地质勘查,如桩基础检测、溶洞探测、孤石探测等。

1.1.3 地面-井中联合测量

地面-井中联合地球物理测量可以分为地-井测量方式和井-地测量方式(图 1-4)。地-井测量方式是指地面发射信号,井中接收信号。井-地测量方式是指井中发射信号,地面接收信号。常见的方法有地-井充电法、地-井激发极化法、地-井瞬变电磁法、垂直地震剖面测井(vertical seismic profile,VSP)等。

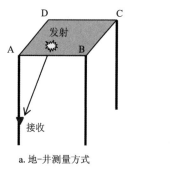
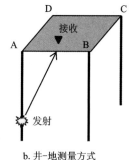

a. 地-井测量方式　　　　　　b. 井-地测量方式

图 1-4　地面-井中联合测量示意图

1.2　储集层

地下的石油、天然气、水等流体主要存储在储集层(储层:reservoir)中,所以寻找和评价储集层是油气勘探的主要任务,而测井是识别和评价储集层不可或缺的一种技术手段。

常规储集层一般指孔隙度较大,孔隙空间(如孔隙、裂缝、溶洞)连通性较好,能够让油、气、水在其中储存,并在压力差作用下渗透流动的岩层。储集层的孔渗性越好,越有利于流体储集和开采。

所以,好的常规储集层有两个特点:一是地层中孔隙空间大;二是孔隙之间连通性好,也就是渗透性好。按照岩性的不同,储集层有砂岩储集层、碳酸盐岩储集层和火成岩储集层等;按照孔隙空间类型的不同,常规储集层划分为孔隙型储集层、裂缝型储集层、孔隙+裂缝型储集层、溶孔型储集层等。

近年,随着勘探与开发技术的不断进步,很多非常规储集层也成为油气资源开发的主力。相对于常规储集层,非常规储集层通常渗透率特别低,孔隙度也比较低,采用传统技术无法获得自然工业产量,需采用物理方式改善储层渗透率与流体黏度或采用化学方式转化油气才能开采。按赋存运聚特点,非常规油气划分为滞聚油气、致密油气和源岩油气 3 种类型。迄今,中国已发现的非常规油气聚集类型包括致密砂岩气、致密油、页岩气、页岩油、煤岩油气、油页岩油、重油沥青、油砂、天然气水合物等(邹才能等,2023)。

1.2.1　储层参数

用来描述储集层的岩石物理参数称为储层参数,如泥质含量(shale content)、孔隙度(porosity)、含水饱和度(water saturation)、渗透率(permeability)、润湿性(wettability)、毛管压力(capillary pressure)、自发渗吸(spontaneous imbibition)等。

泥质含量(V_{sh}):岩石中黏土的体积占岩石总体积的百分比。

孔隙度(ϕ):岩石中孔隙空间的总体积占岩石总体积的百分比。

含水饱和度(S_w):岩石孔隙中水的总体积占岩石孔隙总体积的百分比。

含油饱和度(S_o):岩石孔隙中油的总体积占岩石孔隙总体积的百分比。

泥质砂岩的等效体积模型如图 1-5 所示，泥质含量 V_{sh} 的计算式为

$$V_{sh}=V_2/(V_1+V_2+V_3) \tag{1-1}$$

式中：V_1、V_2、V_3 分别为岩石中孔隙的体积、泥质的体积、骨架的体积，m^3。

孔隙度的计算式为

$$\phi=V_1/(V_1+V_2+V_3) \tag{1-2}$$

假设岩石孔隙中含有水和油两种流体，水的体积为 V_w，油的体积为 V_o，则含水饱和度 S_w 的计算公式为

$$S_w=V_w/V_1 \tag{1-3}$$

含油饱和度 S_o 的计算公式为

$$S_o=V_o/V_1 \tag{1-4}$$

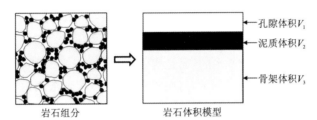

图 1-5　泥质砂岩的等效体积模型

渗透率：在一定压强差下，岩石允许流体通过的能力，是表征介质本身传输流体能力的参数。

根据达西定律，流体渗透率计算式为

$$K=\frac{\mu QL}{A(p_1-p_2)} \tag{1-5}$$

式中：μ 为流体黏度，$Pa\cdot S$；p_1 和 p_2 为样品两侧的压强，Pa；L 为样品厚度，m；Q 为流体的体积流量，m^3/s；A 为样品横截面面积，m^2。

润湿性：一种液体在一种固体表面铺展开来的能力。当液体与固体表面保持接触时，若液体与固体的接触面有扩大的趋势，就认为该液体能够润湿该固体。发生润湿的程度（润湿性）是由液体分子之间的内聚力和液体与固体之间分子相互作用产生的黏合力决定的，如图 1-6a 所示。通常用接触角来度量润湿性，接触角 θ 越小，润湿性越大（图 1-6b）。例如：将水滴在玻璃板上，水在玻璃板上迅速铺开（即水可以润湿玻璃），如果将水银滴在玻璃板上，水银液滴在玻璃板上呈现球滴（即水银不能润湿玻璃）。

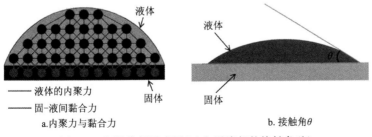

图 1-6　润湿作用示意图(a)和固液相的接触角(b)

毛管压力 P_c（单位：Pa）：在多孔介质的非饱和水流中，空气与水的界面上的压力不连续，非润湿相（空气）的压力与润湿相（水）的压力差。它是毛管中弯液面两侧非润湿相与润湿相的压差，是为了平衡弯液面两侧压差而产生的附加压力，因而其方向是朝向弯液面的凹向，大小等于毛管中水的自重产生的压力，这样才保证气水界面的平衡，如图 1-7 所示。

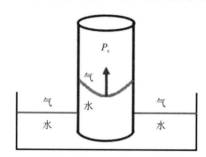

图 1-7　玻璃管中产生毛管压力 P_c 的示意图

其实，毛管压力并不是毛细管产生的，而是弯液面产生的。空气中的液滴或水中的气泡，都存在这么一个压力，只不过不叫毛管压力，而叫附加压力，即弯液面内侧的压力与外侧压力的差值，毛管压力的方向指向非润湿相。

毛管压力的本质是界面张力的合力，界面上处处存在界面张力，若界面是水平的，则界面张力的合力为零，表现不出毛管压力；若界面弯曲，合力就不为零，合力除以作用面积，就是毛管压力。

自发渗吸：在没有加压的情况下，水自动吸入岩芯并驱出原油的过程。

渗吸分单边接触式渗吸、双边接触式渗吸和周围接触式渗吸。单边接触式渗吸就是岩芯与水单边接触，水在毛管压力的牵引下吸入岩芯，并排出其中的油，这种渗吸也叫毛管压力渗吸。

1.2.2　储集层泥浆侵入

钻井时，为了防止井喷，即地层流体（油、气或水）失去压力平衡，连续不断涌入井筒，并喷出地面或侵入其他低压层位，通常使井内泥浆柱的静压力大于井内地层孔隙流体压力来防止井喷，所以在孔隙性、渗透性较好的层段，钻井泥浆滤液受压力差作用会向地层内入侵，驱替地层孔隙、裂隙内原有的可动流体，形成泥浆侵入（图 1-8）。

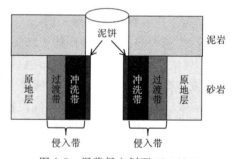

图 1-8　泥浆侵入剖面（纵向剖面）

泥浆滤液侵入地层后，侵入区域的孔隙流体性质会发生改变，进而导致地层侵入带的电阻率等参数也发生改变，对测井数据会有一定影响。受泥浆侵入影响的地层区域可以划分成几个区带，以井筒为中心，通常包括泥饼、冲洗带、过渡带、原地层，其中冲洗带和过渡带表示侵入带。

泥饼：在泥浆向地层内渗透和侵入的过程中，较粗的固体颗粒无法进入地层孔隙，只能沉积在井壁表面，形成一层泥皮。泥饼形成后，能够阻止泥浆的进一步侵入。泥饼的厚度为 0.5~2.5cm。

冲洗带：靠近井壁的地层区域，其中孔隙中的可动流体完全被泥浆滤液驱替后形成的一个绕井筒的环状条带。冲洗带的径向厚度为 10~50cm。

过渡带:距井壁有一定的距离,泥浆滤液与原始地层流体并存,且越往地层径向深处,压力差逐渐降低,泥浆滤液会减少,原始地层流体会更多保留。

原地层:距井壁较远,没有受到泥浆滤液侵入的影响,保持原始地层状态,只含有原始地层流体。

1.3 标准测井图件

测井仪器采集的大量数据直接查看或分析会很不方便,通常按照深度和对应的测井数据组合以特定的方式进行绘图,即把相关的测井曲线按照深度一致的原则组合在一起构成测井曲线组合图,这样就比较直观和有效。测井图包括不同的测井曲线道,实时采集的时候,在显示器上也可以实时动态地观察到测井仪器记录的数据和测井曲线图形。

标准测井图一般包括图头、深度道、深度比例、曲线道、曲线名、曲线单位、曲线线型或颜色及曲线线宽/粗细、曲线刻度类型和标度、岩性等。通过对测井图和曲线特征的分析和认识,可以直观地了解地下地层的地质情况对应的地球物理参数变化特征。

国内外比较成熟的商业测井数据解释软件有中国石油天然气集团公司(简称中石油)的CIFLog、斯伦贝谢公司的Techlog、帕拉代姆公司的Geolog等。图1-9为采用国产测井软件CIFLog绘制的一个典型的标准测井图。图中共有6个道(track),第1道为"三岩性"道[自然

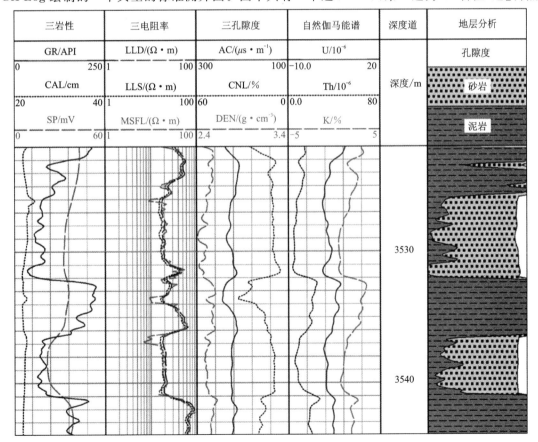

图1-9 常用标准测井图件

伽马（GR）、井径（CAL）、自然电位（SP）]，第 2 道为"三电阻率"道［深侧向电阻率（LLD）、浅侧向电阻率（LLS）、微球形聚焦（MSFL）]，第 3 道为"三孔隙度"道、［声波时差（AC）、中子孔隙度（CNL）、密度（DEN）]，第 4 道为"自然伽马能谱"道［铀（U）、钍（Th）、钾（K）]，第 5 道为"深度"道，第 6 道为"地层分析"道（岩性道）。标准测井图中的道可多可少，每一道可以包含多个测井曲线，道的排列顺序也可以调整。图 1-9 为比较常见的绘图方法。

2 钻孔工程测井

为了取得地下的岩石、流体等样本,了解地下的地质信息,获取地下深处的油气和矿产资源,人们会在不同地区钻探各种不同类型的钻孔(井),有二三十米深的浅钻孔,有超过10 000m的超深井。在钻井和固井的过程中,工程师需要及时了解钻孔的轨迹、几何形态、井底温度等参数,所以需要开展钻孔工程测井(如井径测井、井斜测井、井温测井等)。

2.1 钻孔的类型

根据钻孔的井身结构特点,钻孔划分为裸眼井(open hole)和套管井(cased hole)(图2-1)。裸眼井是钻头打穿地层后,未对井壁进行保护,测量仪器可以直接接触到井壁岩石的井,裸眼井对测量井壁岩石物性是有利的。但是由于工程安全的需要,较深的钻孔一般要求井内下套管,对井筒进行支撑保护,避免井壁垮塌。下了套管的井段,就是套管井。浅井可以用PVC(塑料)作套管,深井一般都采用无缝钢管作套管,同时,套管和井壁地层之间会填充水泥,以加强支撑保护效果。

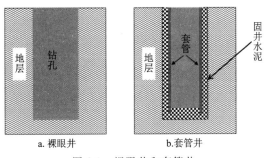

图2-1 裸眼井和套管井

根据钻孔的井筒倾斜程度,钻孔一般划分为垂直井(vertical well)、斜井(inclined well)和水平井(horizontal well)等(图2-2)。

根据钻孔的用途,钻孔划分为:①地质勘探钻孔,用于了解地质构造、找矿或探明矿产储量;②水文地质钻孔,勘察地下的水文地质情况;③石油钻孔,用于勘探、开发石油和天然气;④地热钻孔,勘探和开发地下热水、干热岩等地热资源;⑤工程地质钻孔,用于勘查高层建筑、工厂、大坝、水库、桥梁、隧道和地铁线路等的地质基础;⑥工程基础施工钻孔,为加固建筑基础,进行基础桩施工而布置的钻孔;⑦水井,为工业、农业、生产生活而开展的抽取地下水资源

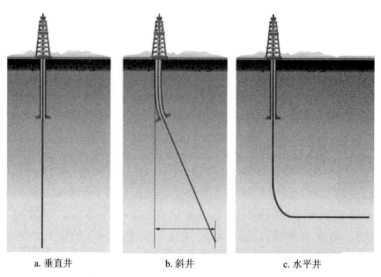

图 2-2　垂直井(a)、斜井(b)和水平井(c)

的钻孔;⑧采矿或隧道等工程的辅助钻孔,采矿或隧道掘进时为通风、排水、探水、探气、冻结、运输、通信、安装管线、爆破、取样、灌浆等工作而布置的小钻孔。

钻孔的直径一般为7～30cm,钻孔深度一般为数十米到1万多米。为了了解钻孔井眼的几何形态和钻孔在地下的延伸轨迹,我们需要测量钻孔的直径、倾斜角度和倾斜方位,所以经常用到井径测井、井斜测井。

2.2　井径测井

井径测井(CAL)是测量钻孔(井筒)直径大小的一种测井方法。根据井况的不同,需要采用不同的井径测井仪。在裸眼井中,通常采用普通井径测井仪测量钻孔的直径;在套管井中,需要采用多臂井径成像测井仪对套管内壁进行成像,它们的特点如表2-1所示。

表 2-1　两类井径仪的对比

仪器类型	适用井况	测量参数	应用
两臂、三臂、四臂井径仪	裸眼井	钻孔直径大小	识别扩径(井壁垮塌)、缩径(泥饼)等井径异常;判别岩性
多臂井径成像测井仪	套管井	套管内径大小	射孔孔眼成像;套管几何形态成像,评价套管变形、断裂、腐蚀情况

2.2.1　普通井径测井

裸眼井中井径测井通常采用普通井径测井仪(包括两臂、三臂、四臂井径测井仪)测量钻孔的直径,图2-3是3种普通井径测井仪的示意图。两臂、三臂、四臂井径仪虽然都测量井的直径,但它们反映的特征却不大一样,两臂井径仪给出的是井眼的单一方向最大直径,三臂井径仪给出的是井眼的平均直径,而四臂井径仪常给出井眼的相互垂直方向的最大和最小两条直径(图 2-3b)。

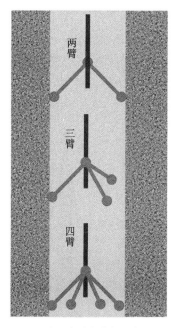 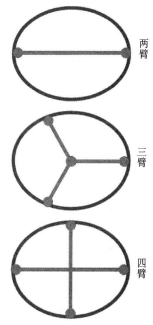

a. 仪器在垂直井中工作　　　　b. 机械臂在钻孔横截面上的分布

图 2-3　两臂、三臂、四臂井径测井仪示意图

在裸眼井中,钻孔的初始直径是由钻头直径决定的,由于地下各类地层的机械强度不同,致密坚硬的地层一般不会垮塌,井径与钻头直径大体一致,但泥岩、盐岩、硬石膏等地层受到泥浆的冲洗、浸泡和钻头钻具挤压碰撞的影响,实际井径往往会大于钻头直径,即产生扩径(图 2-4)。而砂岩地层,泥浆向地层中渗漏,井壁上形成泥饼,导致实际井径比钻头直径还小,即产生缩径。

2.2.2　多臂井径成像测井

在套管井中,由于热胀冷缩、地应力挤压、流体腐蚀等因素的影响,套管会发生腐蚀、形变、破裂、错断等损坏。多臂井径成像仪可以探测套管内径的大小,得到套管内壁的几何形态图像,反映套管的损坏情况。

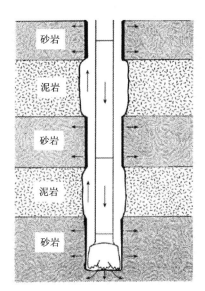

图 2-4　不同岩层井径的变化
(泥岩层扩径,砂岩层缩径)

多臂(多指)井径成像测井仪(multi-finger caliper,MFC)通常包含24~60个高分辨率套管半径测量臂(指),用于测量油管或套管的内径,可以在内径为45~360mm的管柱中进行测量,径向分辨率可以达到0.1mm以上。MFC使用一系列"非接触式"位移传感器和相应数量的测量臂,当仪器在套管或油管里面移动时,径向位移将转变为传感器的轴向位移,记录相关数据可生成套管内壁图像。

常见的多臂井径成像仪有24臂井径成像仪、40臂井径成像仪和60臂井径成像仪(图2-5)。在井下进行测量时,仪器必须居中(处于钻孔的中心),因此,在仪器的上部和下部要安装扶正器(图2-6)。

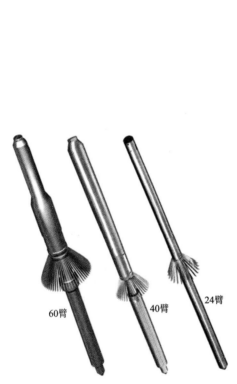 

图2-5 60臂、40臂、24臂井径成像仪　　　图2-6 多臂井径仪(包含扶正器)

多臂井径成像测井仪一般有以下几个特点:①每个测量臂独立对应一个传感器,圆周方向分辨率高;②测量臂与传感器之间具有类似于关节结构的柔性连接,可以保证测量臂与传感器的随动性,重复性好;③具有防硫化氢功能,可以用在含硫量较高的井中;④可以配合多种仪器工作,如电磁探伤、电磁测厚、自然伽马、井温、井斜等仪器。

图2-7为40臂井径成像测井成果图,第1道给出了最大井径、平均井径、最小井径的测井曲线;第2道为井深度;第3道为40个测量臂的测量值;第4道为套管内壁的圆周展开图;第5道为利用井径数据绘制的套管形态三维立体图。

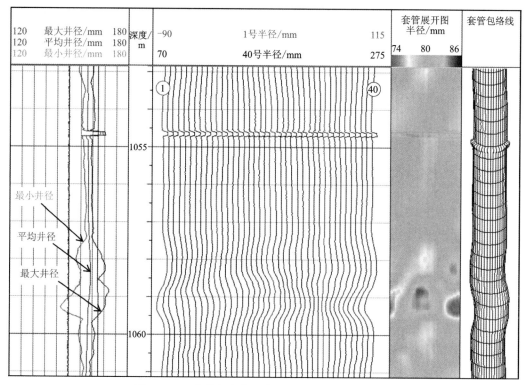

图 2-7 40 臂井径成像测井原始曲线及其解释图像

2.3 井斜测井

井斜测井是测量钻孔的倾斜角(deviation)和倾斜方位角(azimuth)的一种测井方法。由于各种因素的影响,钻井过程中很难准确控制钻头的前进方向,需要根据实际井眼轨迹不断调整钻井方案,满足钻井设计要求。所以需要利用井斜测井及时测量钻孔在不同深度位置的倾斜角和倾斜方位角来获得实际井眼的轨迹。

井斜角又称顶角,是井轴与铅垂线之间的夹角 θ(取值范围为 $0°\sim180°$),如图 2-8 所示。垂直井的井斜角为 $0°$,水平井的水平段井斜角为 $90°$ 左右。倾斜方位角是井轴水平投影线与磁北方向顺时针的夹角 φ(取值范围为 $0°\sim360°$),如图 2-8 所示。

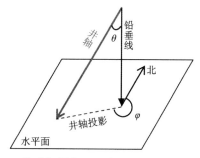

图 2-8 钻孔倾斜角(θ)和倾斜方位角(φ)示意图

井斜测井仪是基于地球重力场和地球磁场测量井眼轨迹的一种测井仪器,它由陀螺仪、加速度计和磁力计组成。加速度计测量仪器坐标系下3个正交的加速度分量为 A_x、A_y 和 A_z,磁力计测量仪器坐标系下3个正交的地磁场分量为 M_x、M_y 和 M_z,结合陀螺仪的测量值可以计算出倾斜角和方位角。图2-9为钻孔倾斜角和倾斜方位角测量原理示意图。

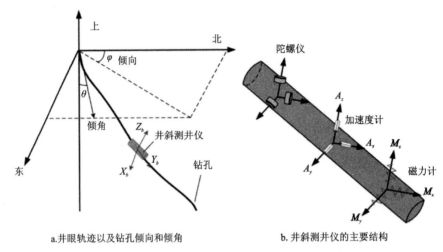

a. 井眼轨迹以及钻孔倾向和倾角　　　　b. 井斜测井仪的主要结构

图2-9　钻孔轨迹测量原理示意图($X_b Y_b Z_b$ 为仪器坐标系)(据 Yang et al., 2019)

2.4　井温测井

众所周知,地球内部的温度很高,科学家推测地球中心的温度高达5000℃以上。所以钻孔内的温度一般随着井深度的增加而不断升高。温度测井(或称井温测井、热测井)是一种热学方法,它使用带有温度传感器的下井仪器测量井内温度(通常是井内流体的温度)及其沿井深度的分布。井温测井仪的传感器多采用金属热敏电阻组成的惠斯通电桥(Wheatstone bridge),把温度变化转换成电桥输出的电压变化。电桥中的灵敏臂一般用电阻温度系数较高的铂金丝制成,只要温度稍有变化,铂金丝的电阻值就有较大变化。

图2-10为惠斯通电桥的结构,在某一温度 T_0 时,电桥处于平衡态($R_2/R_1 = R_3/R_4$),B、C 两点间的电压值 U_{BC} 为0。温度测井中,钻孔中温度变化会引起测井仪器内热敏电阻 R_1 变化(其余电阻不变),R_1 变化引起 B、C 两点间电压值 U_{BC} 变化,所以可以利用电压值 U_{BC} 计算钻孔中的温度值。

地表以下温度场可分3层(图2-11):第一层叫外热层(变温层),该层温度主要来自太阳的辐射热能,它随纬度的高低、海陆分布、季节、昼夜、植被的变化而不同;第二层叫常温层(恒温层),该层为外热

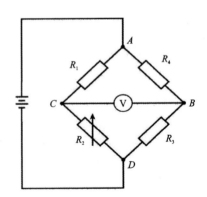

图2-10　惠斯通电桥(R_2 为金属热敏电阻)

层的下部界面(即内、外热层的分界面),常温层温度大致保持为当地年平均温度;第三层叫内热层(增温层),该层不受太阳辐射的影响,其热能来自地球内部,其中主要是来自放射性元素衰变产生的热能,其次是其他能量(如机械能、化学能、重力能、旋转能等)转化而来的热能。

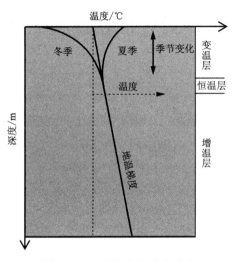

图 2-11　地下温度的变化特点

外热层的温度随气温变化,从地表到恒温层,会随季节形成一个温度梯度。再往地层深部,大约从深度 300m 开始,地层温度主要受地热的影响,一般垂直向下深度每增加 100m,温度升高大约 3℃。

通常把地表常温层以下每向下加深 1km(或 100m)所升高的温度称为地热增温率或地温梯度(geothermal gradient)。对于一个局部地区,在正常条件下温度场分布一般是稳定的,但其地温梯度值可能与平均地温梯度有差别。根据实际观测资料,地球表层的地温梯度为 24～41℃/km。

钻孔内温度的异常变化通常与油气生产、地热资源分布、岩浆活动等因素有关,所以,井温测井广泛应用于油气产出监测、地热资源勘查和地热学研究等领域。

3 核测井

核测井(也叫放射性测井)是根据岩石和孔隙流体的核物理性质,研究钻井地质剖面,评价储集层参数和研究油气井工程问题的一系列测井方法。放射性测井方法既可以在裸眼井中进行测量,也可以在套管井中进行测量,井内流体对测量结果影响也不大,是一套适用范围广泛的测井方法。

核测井方法根据放射源的不同,可分为天然源方法和人工源方法。常用的探测器主要包括伽马射线探测器和中子射线探测器。

天然源方法利用岩石的天然放射性进行测量,主要有自然伽马测井和自然伽马能谱测井,这两种方法不需要人工放射源,都是接收岩石天然产生的伽马射线。

人工源主要包括人工伽马源和人工中子源。采用人工伽马源进行测井的方法有密度测井和岩性密度测井。采用人工中子源进行测井的方法有中子孔隙度测井、碳氧比能谱测井、中子寿命测井和元素测井等。

3.1 核测井基础知识

3.1.1 核衰变与放射性

按原子核是否稳定可把核素分为稳定核素和不稳定核素两类。核衰变(nuclear decay)是某些不稳定原子核自发激发出某种粒子而变为另一种原子核的过程,如激发 α 射线、β 射线、γ 射线等粒子。通常原子序数大于或等于 83 的元素都不稳定(具有放射性),但某些原子序数小于 83 的元素(如 K、Co、Cs 等)也具有放射性。

核衰变激发出的射线有 3 种:①α 射线,具有最强的电离作用,穿透本领很小,在云室中留下粗而短的径迹;②β 射线,电离作用较弱,穿透本领较强,云室中的径迹细而长;③γ 射线,电离作用最弱,穿透本领最强,云室中不留痕迹。后来的研究表明:α 射线中放射的粒子是电荷数为 2、质量数为 4 的氦核;β 射线中放射的粒子是带负电的电子;γ 射线是波长很短的电磁波(也叫伽马光子)。

3.1.2 岩石的放射性

大多数岩石都具有一定的放射性,因为岩石中含有 U、Th、K、Ra、Rn 等放射性核素。放射性核素衰变会产生 3 种放射性射线(α 射线、β 射线、γ 射线),它们的特点如表 3-1 所示。

表 3-1　岩石中 α 射线、β 射线和 γ 射线的特点

射线种类	α 射线	β 射线	γ 射线
产生原因	α 衰变放出	β 衰变放出	α、β 衰变伴随放出
实物	氦原子核流	高速运动的电子流	频率很高的电磁波
带电性	每个 α 粒子带有两个正电荷	每个 β 粒子带有一个负电荷	不带电
能量	4～10MeV	1MeV	0.05～5MeV
穿透能力	空气中,2.6～11.5cm;岩石中,10^{-3}cm	空气中,几十厘米;岩石中,几厘米	空气中,几百厘米;岩石中,几十厘米
测井能否利用	不能	不能	能

其中,γ 射线穿透能力强,所以测井一般探测岩石的 γ 射线来分析其放射性特征。

放射性元素的半衰期对其剩余含量的影响很大,表 3-2 给出了几种常见放射性核素的半衰期。地壳岩石中 U、Th、K 三种核素的半衰期都很长(10 亿年以上),所以现在还在一些岩石中广泛存在,它们也是岩石天然放射性的主要来源。

表 3-2　几种常见放射性核素的半衰期

放射性核素	半衰期/a	放射性核素	半衰期/a
铀($_{92}U^{238}$)	4.47×10^9	镭($_{88}Ra^{226}$)	1600
钍($_{90}Th^{232}$)	14.1×10^9	锕($_{89}Ac^{227}$)	21.77
钾($_{19}K^{40}$)	1.28×10^9	铯($_{55}Cs^{137}$)	30
镤($_{91}Pa^{231}$)	32 000	钴($_{27}Co^{60}$)	5.27

地壳岩石中放射性元素的含量主要受岩性控制,有一定的规律可循。一般来说,火成岩放射性强度与其酸性程度有关,从超基性火成岩、基性火成岩、中性火成岩到酸性火成岩的天然放射性逐步变强(表 3-3)。沉积岩放射性强度主要与泥质含量成正比,也就是说一般从纯砂岩、泥质砂岩到纯泥岩的放射性逐步变强;从纯灰岩、泥质灰岩到纯泥岩的放射性也逐步变强。变质岩放射性强度主要取决于其源岩。

有一些 K 含量或 U 含量较高的岩矿层,会显示很高的放射性异常,如深海相的泥质沉积物、页岩油气层段的页岩、海绿石砂岩、独居石、钾钒矿、钾钒铀矿、铀钒矿和钾盐矿等。

表 3-3　常见岩石的 U、Th、K 含量

岩石名称	U/10^{-6}	Th/10^{-6}	K/%	$w(Th)/w(U)$
花岗岩	5	20	3.40	4
流纹岩	4	18	5.70	4.50
闪长岩	1.80	6.00	1.80	3.30

续表 3-3

岩石名称	U/10⁻⁶	Th/10⁻⁶	K/%	$w(Th)/w(U)$
玄武岩	0.53	1.96	0.61	3.70
辉岩	0.03	0.08	0.15	2.70
橄榄岩	0.01	0.01	0.02	1.00
泥岩	3.70	12.00	2.70	3.24
砂岩	0.50	1.70	1.10	3.40
石灰岩	2.00	1.50	0.30	0.75

3.2 自然伽马测井

自然伽马测井是在钻孔中测量岩层天然释放出的伽马射线强度的测井方法。岩石的天然伽马射线强度与岩性密切相关，自然伽马测井在判别岩性、估计泥质含量等方面有重要作用。

3.2.1 自然伽马测井原理

自然伽马测井测量原理如图 3-1 所示。测量装置由井下仪器和地面仪器组成，井下仪器有伽马射线探测器（晶体和光电倍增管）、放大器、高压电源等几部分。自然伽马射线由岩层穿过泥浆、仪器外壳进入探测器，探测器将自然伽马射线转化为电脉冲信号，经过放大器将脉冲放大后，记录单位时间产生的脉冲数，得到伽马计数率，单位为脉冲每秒（counts per sencond，cps）或脉冲每分钟（counts per minute，cpm）。

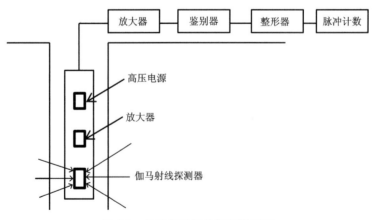

图 3-1 自然伽马测井仪工作原理

井下仪器可在井内上下连续移动测量，记录不同深度的井内岩层的自然伽马强度数据，称为自然伽马测井（用 GR 表示），这种自然伽马强度的大小以单位时间计数率（cps 或 cpm）

或标准化单位 API 表示。API 是按照相应的测井刻度模型进行转换后的放射性强度单位。cpm、cps 和 API 都是工程单位,不是放射性强度的国际单位,放射性强度的国际单位是贝克勒尔(Bq,表示每秒发生的衰变次数)。

自然伽马测井中使用的 API 单位是由美国石油协会建立在休斯顿大学的标准井定义的(图 3-2)。该 API 刻度井由 3 层标准混凝土模块组成,每个标准模块都是直径 1.219m、高 2.438m 的带井眼的圆柱体。上、下两层混凝土模块为低放射性(未添加放射性物质),中间一层为高放射性(添加有放射性物质:K 含量 4%,U 含量 12×10^{-6},Th 含量 24×10^{-6})。高放射性混凝土的读数定义为 200API,低放射性混凝土的读数定义为 0,二者的差为 200API。

目前常用的伽马射线探测器是由闪烁体(如碘化钠晶体)和光电倍增管组成的闪烁计数器(图 3-3)。闪烁计数器(scintillation counter)是利用射线或粒子引

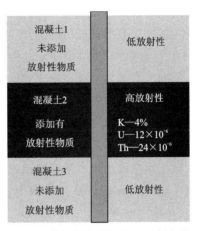

图 3-2 休斯顿大学标准 API 刻度井

起闪烁体发光并通过光电倍增管记录射线强度和能量的探测装置。伽马射线照射闪烁体,使闪烁体发射光子,光子在光阴极上打出光电子,光电子在光电倍增管中倍增,经过倍增的电子流在阳极负载上产生电信号,并由仪器放大、判别和记录。

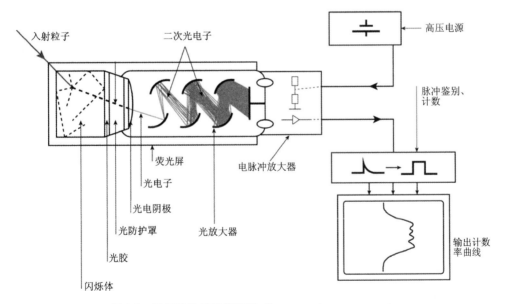

图 3-3 闪烁计数器工作原理(据 www.nuclear-power.com)

油田常用的自然伽马测井仪探测范围为 40~60cm,纵向分辨率可达 30cm,测井速度一般为 500~1000m/h,相对误差一般小于 ±5%。测井速度对自然伽马测井曲线有一定影响,测井速度太快时测量精度会下降。

3.2.2 自然伽马测井曲线特征

岩石的放射性核素激发的伽马射线在穿过岩石时会逐渐被岩石吸收,因此距离探测器较远的岩石发射的伽马射线,在到达探测器之前已被中间的岩石所吸收,所以自然伽马测井记录的主要是仪器附近、以探测器为球心、半径约50cm范围内岩石放射出来的伽马射线,这个范围就是自然伽马测井的探测范围。

自然伽马测井主要受以下几个因素的影响:①地层厚度;②放射性涨落;③测井速度;④井参数(井径、套管和固井水泥等)。

3.2.2.1 地层厚度的影响

地层厚度太小就容易受到相邻地层的影响,很难测量到其真实自然伽马值。图3-4显示了同一地层的厚度 h 从 $d_0/2$ 增大到 $5d_0$(d_0 为井眼直径),自然伽马值随之增大的过程。也就是说,当地层厚度小于某个值($3d_0$)时,自然伽马测井无法准确反映该地层的真实值。只有当地层厚度大于某个值($3d_0$)时,自然伽马测井才能较好地反映地层的真实值。

3.2.2.2 放射性涨落的影响

实验结果表明:在放射源和测量条件不变的情况下,多次进行自然伽马射线强度测井时,每次记录的结果不尽相同,而是在以平均值 $\bar{n}$ 为中心的某个范围内变化(图3-5),这种现象叫放射性涨落。由于地层中放射性核素的衰变是随机且彼此独立的,放射性涨落的存在使得自然伽马测井曲线上有许多"小锯齿"(图3-5)。

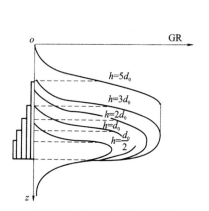

图3-4 地层厚度对GR测井响应的影响示意图

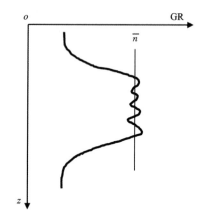

图3-5 放射性涨落对GR曲线的影响示意图

3.2.2.3 井参数的影响

自然伽马测井曲线的幅度不仅与地层岩性有关,还受井眼条件(井径、泥浆密度、套管、水泥环等参数)的影响。泥浆、套管、水泥环对伽马射线有吸收作用,所以这些物质会使自然伽马测井值降低。井内有一层套管时的自然伽马测井值大约是没有套管时的自然伽马测井值的75%,如果有多层套管,则自然伽马测井值下降得更厉害。

在大井眼和套管井中,定量解释自然伽马测井资料时,要结合校正图版进行必要的校正。在没有校正图版的情况下,可根据具体情况用统计的方法对测井曲线进行校正。

3.2.3 自然伽马测井的应用

自然伽马测井方便实用,在矿产勘查和油气资源勘探开发、地质勘查等领域中都有十分广泛的应用。自然伽马测井主要用于识别岩性和划分地层边界,确定地层泥质含量,进行地层对比、沉积微相分析,井下标志目标的深度确认,射孔深度跟踪定位等。

3.2.3.1 识别岩性和划分地层边界

由于不同岩石和地层中放射性元素含量有所不同,其自然伽马值也不同(图 3-6)。通常,煤岩和膏岩 GR 值特别低,纯砂岩和纯灰岩 GR 值较低(20~40API),泥质砂岩和泥质灰岩 GR 值中等,纯泥岩 GR 值较高,深海富有机质泥岩 GR 值特别高。另外,铀矿、钍矿和钾矿层 GR 值都非常高。

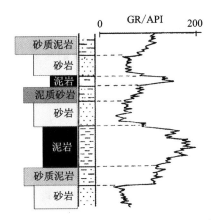

图 3-6 不同地层的自然伽马测井曲线示意图

常见岩石矿物的自然伽马测井值如表 3-4 所示。

表 3-4 常见岩石矿物的自然伽马响应

矿物	化学成分	GR/API	岩石	GR/API
方解石	$CaCO_3$	0	纯石灰岩	5~10
白云石	$CaMg(CO_3)_2$	0	纯白云岩	10~20
石英	SiO_2	0	纯砂岩	10~30
盐岩	NaCl	0	纯泥岩	80~200
硬石膏	$CaSO_4$	0	纯煤	10~30
钾盐	KCl	400~600	花岗岩	100~240

3.2.3.2 估算泥质含量

由于泥质颗粒细小,具有较大的比面,对放射性物质有较大的吸附能力,并且沉积时间长,有充分的时间与放射性物质一起沉积下来,因此泥质(黏土)通常具有高的放射性。在不含特殊放射性矿物的情况下,泥质含量的多少就决定了沉积岩放射性的强弱,所以利用自然伽马测井资料可以估算泥质含量。

地层中的泥质含量与自然伽马值 GR 的关系一般可以通过实验确定。现在通常采用式(3-1)计算泥质含量 V_{sh}:

$$V_{sh} = \frac{2^{c \times SH} - 1}{2^c - 1} \tag{3-1}$$

式中:c 为希尔奇(Hilchie)指数,它与地层地质年代有关,可根据取芯分析资料与自然伽马测井值进行统计确定,通常对古近系和新近系地层 c 取 3.7,老地层 c 取 2;SH 为自然伽马相对值,也称泥质含量指数。

$$SH = \frac{GR - GR_s}{GR_n - GR_s} \tag{3-2}$$

式中:GR_s、GR_n 分别表示纯砂岩层和纯泥岩层的自然伽马测井值;GR 为待研究地层自然伽马测井值。所以,每次在计算泥质含量指数 SH 时,我们需要根据经验,先在所研究地区的自然伽马测井曲线上找出纯砂岩层和纯泥岩层,并获得它们的自然伽马测井值。

3.2.3.3 进行地层对比、沉积微相分析

沉积岩地层通常在横向上会连续分布,在距离较近的几口井里较容易找到年代和岩性相同的地层。GR 测井曲线可以帮助人们判断某一地层在不同井里的深度,识别一些标志性地层,让不同井间的地层关联起来。图 3-7 为相邻 3 口井的地层对比示意图。

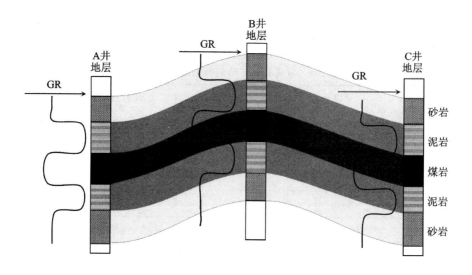

图 3-7 邻井地层对比示意图

沉积相(sedimentary facies)是沉积物的生成环境、生成条件和其特征的综合,成分相同的岩石组成同一种相,在同一地理区的则组成同一组。沉积相大致分为陆相、海陆过渡相和海相,主要取决于这些岩石的生成环境。鉴定这些岩石不仅依靠其古代生成的环境、岩石的组成结构,还可以依据其中包含的生物、微生物的化石。陆相一般包括沙漠相、冰川相、河流相、湖泊相、沼泽相、洞穴相等。海陆过渡相一般包括潟湖相、三角洲相、滨岸相。海相一般包括浅海相、半深海相、深海相。

沉积微相是在沉积亚相带内具有独特的岩性、岩石结构、构造、厚度、韵律性及一定的平面分布规律的最小沉积组合。图3-8为沉积微相划分示意图,图3-8a~c依次为三角洲沉积环境中的点砂坝、前积层、边缘海进。图3-8d~f依次为海洋沉积环境中的大陆架前进、大陆架近端海侵、大陆架远端海侵。GR测井曲线能反映沉积物粒度的变化情况,据此推断沉积微相的类型。

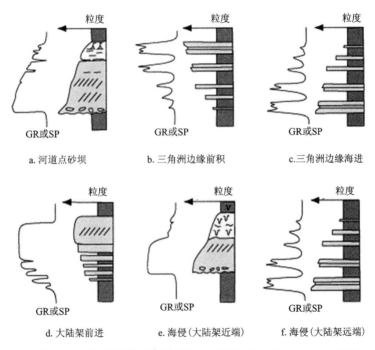

图 3-8　沉积微相划分示意图(GR 为自然伽马测井,SP 为自然电位测井)

3.3　自然伽马能谱测井

3.3.1　自然伽马能谱测井原理

自然伽马测井反映的是探测器周围地层中所有放射性核素产生的伽马射线总强度,而不能区分地层中所含放射性核素的种类和含量。为了弥补自然伽马测井的不足,后来又发展出了自然伽马能谱测井(natural gamma-ray spectral logging,NGSL),通过对自然伽马射线做能谱分析,不仅可以确定地层放射性总强度,还可确定不同放射性核素的含量,得到更多的信息。

地壳岩石释放的伽马射线大多数是由 3 种核素(K、U、Th)衰变产生。K、U、Th 三种核素的伽马射线能谱如图 3-9 所示,对 K 只能利用 1.46MeV 的光电峰进行识别,对 Th 通常选择 2.62MeV 的光电峰进行识别,对 U 通常选择 1.76MeV 的光电峰进行识别。所以目前的自然伽马能谱测井是根据 K、U、Th 三种放射性元素在衰变时释放出伽马射线能谱的不同,测定地层中 K、U、Th 含量的一种测井方法。

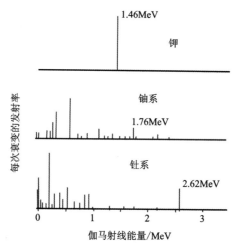

图 3-9　K、U、Th 的伽马射线能谱示意图

岩石的实测伽马能谱曲线如图 3-10 所示。仪器通常记录能量在 0.1~3.5MeV 之间的伽马射线,在此区间分 512 个通道或 1024 个通道进行伽马射线探测,获得伽马能谱曲线,再对钾能量窗、铀能量窗、钍能量窗内的伽马射线进行分析,分别得到 K、U、Th 三种元素的计数率,然后再转化为相应的元素含量。

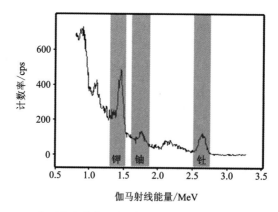

图 3-10　岩石的自然伽马能谱记录和测量 K、U、Th 的能量窗

3.3.2 自然伽马能谱测井的应用

自然伽马能谱测井可以获得 K、U、Th 三种元素的含量,以及总自然伽马和无铀自然伽马(或称钾钍和),所以能够用自然伽马测井解决的问题,也可以用自然伽马能谱测井解决,如识别岩性(表 3-3),划分地层边界,确定储集层泥质含量,进行地层对比,分析沉积微相,确认井下目标的深度,跟踪定位射孔深度等。除了这些以外,自然伽马能谱测井还可以用于:①分析自然伽马异常形成的具体原因(图 3-11);②寻找钾矿、铀矿、钍矿资源(图 3-11);③确定黏土矿物的类别(图 3-12 和表 3-5)。

图 3-11 为某含铀地层的自然伽马能谱测井曲线图,GR 曲线上部有一段值较高,显示有高放射性地层,通过自然伽马能谱曲线(K、Th、U)可以看出,GR 曲线上部增大的原因是地层富含 U,与 K 和 Th 关系不大,可以确定高 GR 层段为铀矿层。

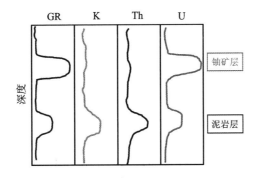

图 3-11 某含铀地层的自然伽马能谱测井曲线示意图

表 3-5 黏土矿物中的 K、U、Th 含量表

矿物名称	K/%	U/10^{-6}	Th/10^{-6}
海绿石	5	—	4
黑云母	6~8	—	<0.1
伊利石	4.5	—	—
蒙脱石	0.16	2~5	14~24
高岭石	0.4	1.6~3	6~19
绿泥石	0~0.05	1.5	0~8
膨润土	<0.50	1~20	6~50

图 3-12 为利用自然伽马能谱测井数据绘制 Th、K 交会图进而确定黏土矿物类别的图版。不同黏土矿物通常 $w(Th)/w(K)$ 不同,其 Th 值和 K 值在交会图上会落在不同的区域,落在不同区域意味着黏土矿物类型不同,可以利用图版确定黏土矿物的名称。

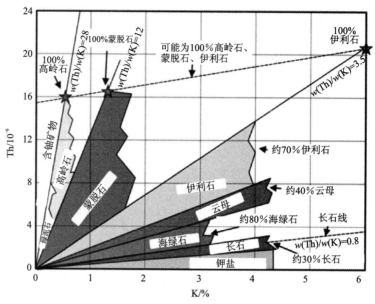

图 3-12 不同黏土矿物的 Th、K 交会图

3.4 密度测井

密度测井的原理是利用伽马源激发中等能量的伽马射线,伽马射线与岩石中的电子作用,发生康普顿散射,通过伽马射线探测器测量散射伽马射线强度,而散射伽马射线强度和介质的电子密度有关,且电子密度和体积密度成正比,所以散射伽马射线强度也能够反映岩石的体积密度。

由于密度测井采用伽马源激发伽马射线,探测器接收的是散射伽马射线,所以密度测井也被称为伽马-伽马测井或者散射伽马测井。

3.4.1 伽马源与伽马射线

人工伽马源可以连续不断地产生伽马射线,伽马射线在医学和工业中有很广泛的应用,典型的人工伽马源有 ^{60}Co 和 ^{137}Cs。伽马源激发的伽马射线能量一般在 0.5～5.3MeV 之间,在这一能量范围内,伽马光子与物质的相互作用主要有 3 种:光电效应、康普顿效应和电子对效应。

3.4.1.1 光电效应

光电效应是物理学中一个重要而神奇的现象。在高于某特定频率的电磁波(该频率称为极限频率)照射下,某些物质内部的电子吸收能量后逸出而形成电流,即光生电。光电现象由德国物理学家赫兹于 1887 年发现,后来爱因斯坦提出了正确的理论解释(爱因斯坦因此获

1921年诺贝尔物理学奖)。

当伽马射线(伽马光子)的能量较低(<0.51MeV)时,伽马光子穿过物质并与核外电子发生碰撞,将其能量传递给电子,电子获得能量脱离原子核束缚而逃逸出去,此过程中,伽马光子本身被吸收,逃逸出来的电子叫光电子,这种效应叫光电效应(图3-13a)。发生光电效应的概率τ与伽马射线的能量和吸收物质的原子序数有关,随着原子序数增加,τ迅速增大;但随着伽马射线能量增大,τ迅速减小。可用式(3-3)表示发生光电效应的概率τ:

$$\tau = 0.0089 \frac{\rho Z^{4.1}}{A} \cdot \lambda^n \tag{3-3}$$

式中:τ为光子穿过1cm吸收物质时产生光电子的概率,也就是线性光电吸收系数;λ为光子的波长;n为指数常数,对于N、C、O来说,它等于3.05,对于Na到Fe的元素来说,它等于2.85;A为原子的摩尔质量;Z为原子序数;ρ为密度。

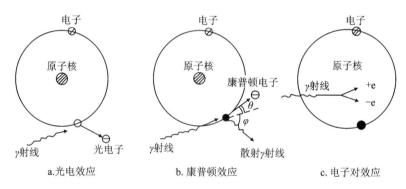

图3-13 伽马(γ)射线与物质的3种作用

3.4.1.2 康普顿效应

当伽马射线的能量为中等(0.51~1.02MeV)时,伽马射线与原子的外层电子发生作用,把一部分能量传给电子,使电子从某一方向射出,此电子为康普顿电子;损失了部分能量的伽马射线向另一方向散射出去,叫散射伽马射线,这种效应称为康普顿效应(图3-13b)。

伽马射线通过物质时,发生康普顿效应引起伽马射线强度的减弱,其减弱程度通常用康普顿吸收系数Σ表示。Σ与吸收体的原子序数Z和吸收体单位体积内的电子数(电子密度)成正比。其计算公式为

$$\Sigma = \sigma_e \frac{ZN_A \cdot \rho}{A} = \sigma_e \rho_e \tag{3-4}$$

式中:σ_e为每个电子的康普顿散射截面,当伽马光子的能量在0.25~2.5MeV的范围内,它可被看成常数;N_A为阿伏加德罗常数,等于$6.02 \times 10^{23} \text{mol}^{-1}$;$\rho_e$为电子密度;其余符号意义与式(3-3)相同。

3.4.1.3 电子对效应

当入射伽马射线的能量大于 1.02MeV 时,它与其他物质发生作用就会使得光子转化为电子对,即一个负电子和一个正电子(图 3-13c)。

伽马射线通过单位厚度的介质时,因为发生电子对效应而导致伽马射线强度的减小,用吸收系数 κ 表示,其经验公式为

$$\kappa = K \cdot \frac{N_A \cdot \rho}{A} \cdot Z^2 (E_\gamma - 1.02) \tag{3-5}$$

式中:N_A、ρ、A、Z 符号的意义与式(3-4)相同;E_γ 为入射伽马射线的能量;K 为常数。

3.4.1.4 伽马射线的吸收

伽马光子和物质的 3 种作用的概率和伽马光子的能量有关,低能伽马光子和物质发生作用以光电效应为主,中能伽马光子和物质发生康普顿效应的概率最大,高能伽马光子和物质发生作用以电子对效应为主。

伽马射线通过物质时,会和物质发生如上所述的 3 种作用,伽马光子被吸收,所以伽马射线的强度将会随着穿过物质厚度的增大而减弱。实验证明,伽马射线通过吸收物质时其强度与所穿过吸收物质的厚度有如下关系:

$$I = I_0 e^{-\mu L} \tag{3-6}$$

式中:e 为自然数;I_0、I 分别为未经过吸收物质和经过厚度为 L 的吸收物质时的伽马射线强度;μ 为物质的吸收系数,由光电效应、康普顿效应和电子对效应的 3 个吸收系数决定,即 $\mu = \tau + \Sigma + \kappa$。

吸收系数 μ 近似正比于吸收体的密度 ρ,而 ρ 又是随介质的物理状态而变化的。为了消除 ρ 的影响,通常采用质量吸收系数 μ_m($\mu_m = \mu/\rho$),它的单位是 cm^2/g,质量吸收系数关系式为

$$\mu_m = \frac{\mu}{\rho} = \frac{\tau}{\rho} + \frac{\Sigma}{\rho} + \frac{\kappa}{\rho} \tag{3-7}$$

3.4.2 岩石的密度

3.4.2.1 岩石的密度

单位体积岩石的质量叫岩石的真密度,测井中常用 ρ_b 表示,其单位是 g/cm^3 或 kg/m^3。岩石的真密度也称为体积密度,通常所说的密度就是指体积密度(由岩石骨架密度 ρ_{ma} 和孔隙流体密度 ρ_f 决定)。如方解石的密度是 $2.71\ g/cm^3$,纯水的密度是 $1.00g/cm^3$,所以孔隙度为 ϕ,且饱含淡水的纯石灰岩的体积密度 ρ_b 可由式(3-8)计算:

$$\rho_b = \rho_{ma}(1-\phi) + \rho_f \phi = 2.71(1-\phi) + 1.00\phi \tag{3-8}$$

表 3-6 给出了常见矿物和地层流体的密度。

表 3-6　常见矿物与地层流体的密度和光电吸收截面指数

岩矿石与地层流体	体积密度/(g·cm^{-3})	电子密度指数/(g·cm^{-3})	光电吸收截面指数/(b·e^{-1})	体积光电吸收截面指数/(b·cm^{-3})
石英	2.654	2.650	0.999	2.646
方解石	2.710	2.708	0.999	2.701
白云石	2.870	2.863	0.997	2.856
钾盐	2.960	2.957	0.999	2.954
岩盐	1.984	1.910	0.966	1.844
硬石膏	2.165	2.074	0.958	1.987
石膏	2.320	2.372	1.022	2.425
无烟煤	1.400	1.442	1.030	1.485
烟煤	1.200	1.272	1.060	1.348
淡水	1.000	1.110	1.110	1.232
盐水	1.146	1.237	1.079	1.336
原油	0.850	0.970	1.141	1.106
天然气	0.001	0.001	1.238	0.002

3.4.2.2　岩石的电子密度和电子密度指数

单位体积岩石中的电子数叫岩石的电子密度,用 n_e 表示,单位是电子数/cm^3。

若岩石由一种原子组成,则

$$n_e = \frac{ZN_A}{A}\rho_b \tag{3-9}$$

对于由单一化合物分子组成的岩石,其电子密度为

$$n_e = \frac{N_A \sum n_i Z_i}{M}\rho_b \tag{3-10}$$

式中:Z_i 为分子中第 i 种原子的原子序数;n_i 为第 i 种原子的原子数;M 为该化合物的摩尔质量。

为了使用方便,定义一个与 n_e 成正比的参数,即电子密度指数 ρ_e。

$$\rho_e = \frac{2n_e}{N_A} \tag{3-11}$$

由单一元素组成的物质,其电子密度指数为

$$\rho_e = \left(\frac{2Z}{A}\right)\rho_b \tag{3-12}$$

由单一化合物组成的物质,其电子密度指数为

$$\rho_e = \left(\frac{2\sum n_i Z_i}{M}\right)\rho_b \tag{3-13}$$

对于构成地层的大多数元素和化合物来说,式(3-12)和式(3-13)右端括号中的数值均接近于1,这就使 ρ_e 近似等于 ρ_b(表3-6)。

3.4.2.3 岩石的光电吸收截面指数

对于原子序数为 Z 的原子,其光电吸收截面为 τ,则每个电子的光电吸收截面为 τ/Z,它表示岩石对低能伽马射线的吸收能力,单位是 b/e(巴/电子)。

光电吸收截面指数(P_e值)是石油测井中确定地层岩性的有效参数之一。P_e值是为了突出反映岩石的平均原子序数 Z_a 定义的一个与平均电子光电吸收截面 τ/Z_a 成正比的参数。对于一般的地壳岩石,P_e值大概为 $(Z_a/10)^{3.6}$,它与平均原子序数 Z_a 成正比(表3-6)。

在测井解释中,通过取 P_e 和电子密度指数的乘积,可以将 P_e 转换为更简单的体积光电吸收截面 U(单位:b/cm³),U 表示每立方厘米介质的光电吸收截面。

由于流体的原子序数很低,它们的影响很小,所以 P_e 值是岩石骨架性质的一种度量。砂岩的 P_e 较低,而白云岩和灰岩的 P_e 较高。黏土、重矿物和含铁矿物的 P_e 值更高。因此,P_e 值对确定矿物种类非常有用,但其探测范围约为几英寸,通常在冲洗带内,所以 P_e 值容易受到泥饼、泥浆滤液中重晶石等的影响。

3.4.3 密度测井原理

补偿密度测井仪主要由伽马源、铅饼(屏蔽装置)、短源距探测器、长源距探测器、推靠臂等组件构成(图3-14)。伽马源产生中能伽马射线,长、短源距探测器分别接收散射伽马射线;铅饼屏蔽伽马源激发的伽马射线,避免其直接照射到探测器上;推靠臂帮助密度测井仪器贴近井壁岩石(减小泥浆的影响)。

目前,密度测井广泛使用的伽马源为 ^{137}Cs,它激发的伽马射线具有中等能量(0.66MeV),与地层岩石作用,产生康普顿散射和光电效应。地层的密度不同,对伽马光子的散射和吸收的能力不同,探测器接收到的散射伽马光子的计数率也就不同。

已知通过厚度为 L 的介质后,伽马光子的计数率 N 表示为

$$N = N_0 e^{-\mu L} \tag{3-14}$$

若只存在康普顿散射,μ 即为康普顿吸收系数 Σ,所以

$$N = N_0 \cdot e^{-\Sigma \cdot L} = N_0 \cdot e^{-\frac{\sigma_e Z N_A}{A}\rho_b \cdot L} \tag{3-15}$$

对于大多沉积岩,$2Z/A \approx 1$,对式(3-15)两边取对数,则得

$$\ln N = \ln N_0 - \frac{\sigma_e Z N_A}{A}\rho_b \cdot L = \ln N_0 - K \cdot \rho_b \cdot L \tag{3-16}$$

式中:$K = \sigma_e \cdot N_A/2$,为常数。

可见探测器记录的计数率 N 在半对数坐标系上与 ρ_b 和 L 呈线性关系。图3-16是两种源距下 ρ_b 与计数率 N 的关系示意图。可以看到,对于密度值为 $1\sim4\text{g/cm}^3$ 的地层,一般短源距

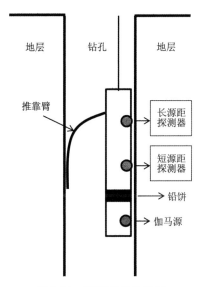

图 3-14 密度测井示意图

探测器的计数率高于长源距探测器的计数率。

图 3-16 是 3 种不同密度介质中源距 L 与计数率 N 的关系示意图。可以看到,在源距比较小的情况下,高密度地层的计数率大于低密度地层(计数率与密度成正比);在源距比较大的情况下,低密度地层的计数率大于高密度地层(计数率与密度成反比)。源距选定后,对仪器进行刻度,找到 ρ_b 和 N 的关系,则记录散射伽马光子计数率 N 就可以得到地层的密度 ρ_b。对于密度测井仪,通常短源距探测器的计数率和地层密度成正比,长源距探测器的计数率和地层密度成反比。短源距探测器得到的地层密度记作 ρ_S,长源距探测器得到的地层密度记作 ρ_L。

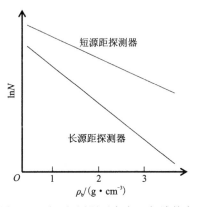

图 3-15 长、短源距下密度 ρ_b 与计数率 N 的关系示意图

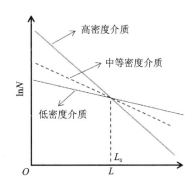

图 3-16 3 种不同密度下源距 L 与计数率 N 关系示意图

当井壁上有泥饼存在,且泥饼的密度与地层的密度不同时,泥饼对密度测量值有一定的影响,如图 3-17 所示。在地层密度大于泥饼密度的情况下,如果泥饼厚度增大,则在密度相同的地层中,探测器中伽马光子计数率增大,也就是泥饼导致短源距探测器测量的地层密度

增大,长源距探测器测量的地层密度减小。

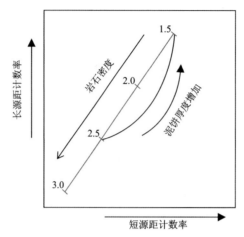

图 3-17　泥饼厚度对长/短源距探测器计数率的影响示意图(假设地层密度为 2.5 g/cm³,
泥饼密度为 1.5 g/cm³,泥饼厚度增加导致测量密度从 2.5g/cm³ 降为 1.5 g/cm³)

为了补偿泥饼的影响,密度测井采用两个探测器(长源距和短源距),得到两个计数率 N_L、N_S 和两个视地层密度 ρ_{La}、ρ_{Sa},再由 ρ_{La}、ρ_{Sa} 得到一个泥饼影响校正值 $\Delta\rho$($\Delta\rho=K(\rho_{La}-\rho_{Sa})$),则地层密度 $\rho_b=\rho_{La}+\Delta\rho$。所以很多密度测井仪器同时输出 ρ_b 和 $\Delta\rho$ 两条测井曲线。

3.4.4　岩性密度测井

岩性密度测井仪(litho-density tool,LDT)是在传统密度测井仪的基础上发展出来的一种测井仪。它除了测量地层密度之外,还测量地层的光电吸收截面指数(P_e),而 P_e 与岩性密切相关,所以称岩性密度测井。测井时,井下仪器对高能(0.25～0.662MeV)和低能(0.02～0.06MeV)散射伽马射线分别进行记录(图 3-18)。高能散射伽马射线强度取决于地层密度(康普顿效应);低能散射伽马射线强度主要取决于光电吸收截面指数(岩性),同时也

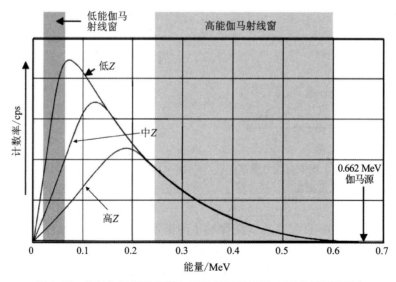

图 3-18　散射伽马射线能谱与岩性密度测量窗口(Z 为原子序数)

与密度有关,经过处理(取低能段与高能段计数率的比值)后可以得到光电吸收截面指数 P_e,再计算出体积光电吸收截面指数 $U(U=P_e \cdot \rho_e)$。所以岩性密度测井可以输出地层密度和光电吸收截面指数两条测井曲线。

3.4.5 密度测井的应用

密度测井可以测量地层体积密度、P_e 值,还可以计算地层孔隙度,并配合其他测井方法识别岩性、识别气层等。

3.4.5.1 计算地层孔隙度

岩石的体积密度由岩石骨架密度和孔隙流体密度决定,岩石孔隙中流体对体积密度的影响与岩石的孔隙度有关。对于纯灰岩或纯砂岩地层来说,孔隙度 ϕ 与体积密度 ρ_b 的关系为

$$\rho_b = (1-\phi)\rho_{ma} + \phi\rho_f \tag{3-17}$$

所以:

$$\phi = \frac{\rho_{ma} - \rho_b}{\rho_{ma} - \rho_f} \tag{3-18}$$

式中:ϕ 为孔隙度,%;ρ_b 为岩石体积密度,g/cm³;ρ_{ma}、ρ_f 分别为骨架密度和孔隙流体密度,g/cm³。不同岩石的骨架密度 ρ_{ma} 不同,砂岩一般为 2.61g/cm³;石灰岩为 2.71g/cm³;白云岩为 2.87g/cm³。

若已知岩性(ρ_{ma})和孔隙流体(ρ_f),可由密度测井的测量值 ρ_b,求出纯岩石的孔隙度 ϕ。

典型的泥岩和泥岩夹层的密度为 2.2~2.56g/cm³。通常泥岩和储集层中泥质的密度比岩石骨架密度小,所以在求含泥岩的孔隙度时,应考虑泥质的影响,否则求出的孔隙度偏大。因此,加上泥质校正的孔隙度计算公式为

$$\phi = \frac{\rho_b - \rho_{ma}}{\rho_f - \rho_{ma}} - V_{sh}\frac{\rho_{sh} - \rho_{ma}}{\rho_f - \rho_{ma}} \tag{3-19}$$

式中:ρ_b 为岩石体积密度,g/cm³;ρ_{sh} 为泥质的密度,g/cm³。

3.4.5.2 识别岩性

孔隙性地层相当于纯地层中存在一部分孔隙,且孔隙被密度小的水、原油或天然气所代替,故其密度小于纯岩石骨架地层。孔隙度越大,含孔隙的地层的密度越小。密度测井是评价孔隙度的主要测井方法之一。

地层岩石通常是几种矿物和孔隙流体的混合介质。例如:砂岩地层一般由石英(2.65g/cm³)、长石(2.57g/cm³)和水(1.0g/cm³)组成,成分不同,密度值也不同,因此砂岩地层的密度可以在一个较大的范围内波动(2.2~2.65g/cm³),所以仅凭密度测井值也不能准确识别砂岩岩性。

但是对于一些特殊的岩性,如煤岩(1.4~1.9g/cm³)、盐岩(约 2.2g/cm³)、膏岩(约 2.9g/cm³),其密度值较特别,可以利用密度测井值进行初步识别(图 3-19)。

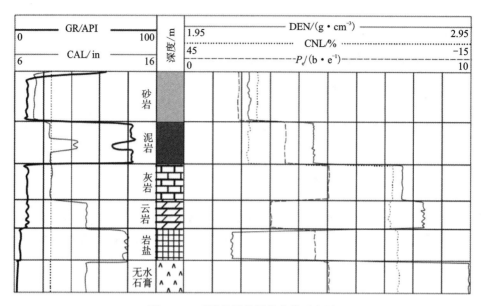

图 3-19 不同岩层的测井曲线示意图

3.4.5.3 识别含气地层

地层含气时,密度测井值和中子孔隙度值会出现明显下降,可以利用密度和中子孔隙度测井曲线的交叉特征识别含气地层(图 3-20)。

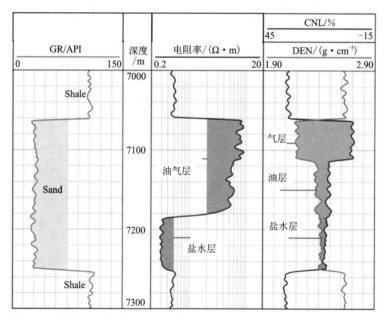

图 3-20 含气地层密度和中子孔隙度测井曲线交叉(据 Schlumberger,2001)

3.5 中子测井

中子测井(neutron logging)是利用中子射线与物质相互作用的效应,研究钻井剖面岩层性质的一系列测井方法的总称。它包括中子-热中子测井、中子-超热中子测井、中子-伽马测井、中子活化、非弹性散射伽马能谱测井等。

3.5.1 人工中子源与中子射线

中子是组成原子核的一种不带电荷的中性粒子,其质量与氢核质量接近。中子与物质作用时,能穿过原子的电子壳层而与原子核相碰撞。因此中子也是一种穿透能力比较强的粒子,可以用于探测岩石内部的物质成分,在测井工作中得到了广泛的应用。

中子是组成原子核的不带电的中性微小粒子,它与质子以很强的核力结合在一起,形成稳定的原子核。要使中子从原子核释放出来,需要给中子一定能量,当中子获得的能量大于结合能时,就可以从原子核中发射出来。使中子从原子核中释放出来的装置叫中子源,中子测井使用的中子源有同位素中子源和加速器中子源两大类。

3.5.1.1 同位素中子源(连续中子源)

同位素中子源(连续中子源)能够连续地发射中子,中子的平均能量为 4~5MeV。例如:镅铍(Am-Be)中子源,利用镅衰变产生的 α 粒子去轰击铍原子核,给铍原子核以能量,引起铍发生核反应释放出中子。其核反应式是

$$^{241}_{95}\text{Am} \longrightarrow ^{237}_{93}\text{Np} + ^{4}_{2}\text{He}(\alpha) \tag{3-20}$$

$$^{9}_{4}\text{Be} + ^{4}_{2}\text{He} \longrightarrow ^{12}_{6}\text{C} + ^{1}_{0}\text{n} + Q(5.701\text{MeV}) \tag{3-21}$$

采用同位素中子源的测井方法包括中子-热中子、中子-超热中子、中子-伽马测井等。

3.5.1.2 加速器中子源(脉冲中子源)

加速器中子源(脉冲中子源)采取可控脉冲式发射中子,中子能量为 14MeV。例如:D-T 加速器中子源用加速器加速氘核(D)撞击氚核(T)产生快中子,其核反应式是

$$\text{D} + \text{T} \longrightarrow ^{4}_{2}\text{He} + ^{1}_{0}\text{n} + Q(17.599\text{MeV}) \tag{3-22}$$

采用加速器中子源的测井方法包括中子活化测井、中子寿命测井、非弹性散射伽马能谱测井、元素测井等。

3.5.2 中子和物质的作用

不同能量的中子与原子核作用时有着不同的特点,所以把中子按能量进行分类,分为慢中子、中能中子和快中子。慢中子的能量在 0~1keV 之间;中能中子的能量在 1~100keV 之

间;快中子的能量在 0.1～20MeV 之间。其中慢中子又可分为热中子和超热中子,能量在 0.1～100eV 之间的中子叫超热中子。与吸收物质的原子处于平衡状态的中子称为热中子,在室温条件下,标准热中子的能量为 0.025eV,速度是 2.2×10^5 cm/s。中子能量 E_n 就是中子的动能,其计算公式如下:

$$E_n = 0.5mv^2 \tag{3-23}$$

中子射入物质时,要和物质的原子核发生一系列核反应,即快中子非弹性散射、快中子对原子核的活化、快中子的弹性散射和热中子的俘获。

3.5.2.1 快中子非弹性散射

入射的快中子首先被靶核吸收形成复合核,而后复合核再释放出一个能量较低的中子,靶核此时仍处于较高能级的激发状态,这种快中子与靶核的作用叫非弹性散射(图 3-21);激发态的靶核常以伽马射线的形式释放能量,回到基态,释放出的伽马射线叫非弹性散射伽马射线。

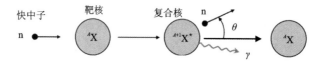

图 3-21 快中子与靶核的非弹性散射(γ 为非弹性散射伽马射线)

非弹性散射是一种阈值反应,发生在阈值能量以上。14MeV 的高能快中子发生非弹性散射的概率很大,而 5MeV 的快中子发生非弹性散射的概率很小。

在快中子非弹性散射过程中,"系统"的动能不守恒,也就类似于非弹性碰撞。快中子的部分动能转化为核能。非弹性散射在降低中子速度方面起着重要作用,特别是在高能量快中子和重原子核碰撞时。轻核的非弹性散射截面相对较小,发生非弹性散射概率小。对于氢核,由于它没有激发态,所以不会发生非弹性散射。

3.5.2.2 快中子对原子核的活化

快中子与稳定的原子核作用还会发生 (n,α) 与 (n,p) 核反应(n 为中子,p 为质子),生成新的放射性核素,这种作用叫活化核反应。活化形成的新核素,有一定的半衰期,衰变产生的伽马射线叫活化伽马射线。

硅的活化核反应为

$$^{28}_{14}\text{Si} + ^{1}_{0}\text{n} \longrightarrow ^{28}_{13}\text{Al} + ^{1}_{1}\text{p} \tag{3-24}$$

^{28}Al 衰变放射出伽马射线:

$$^{28}_{13}\text{Al} \longrightarrow ^{28}_{14}\text{Si} + \beta + \gamma(1.782\text{MeV}) \tag{3-25}$$

类似地,铝的活化核反应为

$$^{27}_{13}\text{Al} + ^{1}_{0}\text{n} \longrightarrow ^{27}_{12}\text{Mg} + ^{1}_{1}\text{p} \tag{3-26}$$

$$^{27}_{12}\text{Mg} \longrightarrow ^{27}_{13}\text{Al} + \beta + \gamma(0.84 \& 1.015\text{MeV}) \tag{3-27}$$

3.5.2.3 快中子的弹性散射

快中子与靶核发生碰撞后中子和靶核组成的系统的总动能不变,中子的能量降低,速度减慢,它所损失的能量转变为靶核(反冲核)的动能,这种碰撞叫快中子的弹性散射。快中子在多次弹性散射中将逐渐降低能量,减小速度,最后成为热中子。

一个中子和一个原子核发生弹性散射的概率叫微观弹性散射截面 σ_s,其单位是靶恩(barn),$1\mathrm{barn}=10^{-24}\mathrm{cm}^2$。$1\mathrm{cm}^3$ 物质的原子核的微观弹性散射截面之和叫宏观弹性散射截面 Σ_s。不同核素有不同的散射截面,而且发生一次散射平均损失的中子能量也不同。沉积岩中常见核素的散射截面和每次散射的最大能量损失,以及中子能量由 2MeV 减速为热中子所需要的平均散射次数见表 3-7。

中子减速过程的长短、物质对中子的减速能力的大小与物质所含核素的种类,以及数量有关。可以用不同的参数来表示物质对中子减速能力的大小,减速长度 L_s 是其中之一。减速能力大,则 L_s 短;反之,则 L_s 长。L_s 定义为

$$L_s \stackrel{\mathrm{def}}{=} \sqrt{\frac{R_d^2}{6}} \tag{3-28}$$

式中:R_d 为减速距离,m,它是中子减速为热中子所移动的直线距离。

表 3-7 常见核素弹性散射截面参数

核素名称	弹性散射截面 $/10^{-28}\mathrm{m}^2$	每次散射的最大能量损失/%	热化所需平均散射次数/次
钙(Ca)	9.5	8	371
氯(Cl)	10.0	10	316
硅(Si)	1.7	12	261
氧(O)	4.2	21	150
碳(C)	4.8	28	115
氢(H)	45.0	100	18

由表 3-7 可以看出,氢(H)对快中子的减速作用最强,所以中子测井结果通常能反映岩石的氢含量。很多文献中会用含氢指数(hydrogen index,HI)表示介质的含氢量。含氢指数的定义:一种物质中包含的氢核数与同体积淡水中包含的氢核数的比值。所以淡水的含氢指数为 1(中子孔隙度也为 1),液态烃的含氢指数约为 1.09,甲烷气的含氢指数约为 2.9×10^{-3},石膏的含氢指数约为 0.49,煤层的含氢指数约为 0.5。

3.5.2.4 热中子的俘获

中能中子减速为热中子后,只是在介质中由热中子密度大的区域向密度小的区域扩散,直至被介质中的原子核俘获。在辐射俘获核反应中,靶核俘获一个热中子,形成处于激发态

的复核,然后,以伽马射线形式放出过剩能量,靶核回到基态。释放的伽马射线叫俘获伽马射线或中子伽马射线。描述扩散及俘获特性的参数有扩散长度 L_d、宏观俘获截面 Σ_a 和热中子寿命 τ_t 等参数。

扩散长度:从产生热中子起到它被俘获吸收为止,热中子移动的直线距离叫扩散距离 R_t,则扩散长度 L_d 定义为

$$L_d \stackrel{def}{=} \sqrt{\frac{R_t^2}{6}} \tag{3-29}$$

物质对热中子俘获吸收能力越强,扩散长度就越短。

宏观俘获截面:一个原子核俘获热中子的概率叫原子核的微观俘获截面 σ_a,1cm³ 物质中所有原子核的微观俘获截面之和叫宏观俘获截面 Σ_a。表 3-8 为沉积岩的几种常见核素的微观俘获截面。其中,氯元素的微观俘获截面最大,它俘获热中子的概率最大。

表 3-8 常见核素微观俘获截面参数

核素	钙(Ca)	氯(Cl)	硅(Si)	氧(O)	碳(C)	氢(H)
微观俘获截面/10^{-28} m²	0.42	32	0.16	0.001 6	0.004 5	0.329

热中子寿命:从热中子生成开始到它被原子核俘获吸收为止所经过的平均时间叫热中子寿命 τ_t,它和宏观俘获截面的关系是

$$\tau_t = \frac{1}{v \cdot \Sigma_a} \tag{3-30}$$

式中:v 为热中子移动速度。常温下,$v=0.22$cm/μs,所以式(3-30)可写成

$$\tau_t = \frac{4.55}{\Sigma_a} \tag{3-31}$$

3.5.3 中子探测器

中子测井中用于记录中子射线的探测器包括超热中子探测器和热中子探测器。中子探测器利用超热中子、热中子和探测器中物质的原子核发生核反应,放出电离能力很强的带电粒子来记录中子。

热中子探测器通常由普通的闪烁计数器在其外壁上涂上锂或硼构成。由于锂和硼对热中子有强吸收性,并在吸收热中子后发生核反应而放射出 α 粒子,α 粒子可使探测器的计数管气体电离形成脉冲电流,然后脉冲信号被送到地面记录仪,便可对热中子数量进行记录。

目前广泛应用的热中子探测器有 3 类,即硼探测器、锂探测器、氦三(³He)探测器。它们的核反应式为

$$^{10}_{5}B + ^{1}_{0}n \longrightarrow ^{7}_{3}Li + \alpha + Q \tag{3-32}$$

$$^{6}_{3}Li + ^{1}_{0}n \longrightarrow ^{3}_{1}H + \alpha + Q \tag{3-33}$$

$$^{3}_{2}He + ^{1}_{0}n \longrightarrow ^{3}_{1}H + p + Q \tag{3-34}$$

式(3-34)所产生的 p 粒子(质子)能使闪烁计数器中的萤光体发光,从而在记数管中的阳极产生电脉冲,也可实现对热中子数量进行记录。

超热中子探测器要测量慢中子中能量稍高的超热中子。超热中子探测器是在热中子探测器外面增加了石蜡层和镉涂层,最外面的镉涂层对热中子吸收能力很强,可吸收掉热中子,只让超热中子通过镉涂层,里面的石蜡层可以把进入的超热中子减速为热中子,然后最里面的热中子探测器就可以测量出进入探测器的超热中子的数量。

3.5.4 中子-热中子测井

中子-热中子测井是目前应用最多的一种中子测井方法,代表性的测井仪器是补偿中子测井仪(CNL)。它采用双探测器补偿技术,既可以用于裸眼井,也可以用于套管井。图 3-22 为补偿中子测井仪的示意图,该仪器利用中子源向地层发射快中子,快中子与地层中的原子核发生非弹性散射和弹性散射被减速为热中子,热中子探测器通过探测发射源附近地层中的热中子密度(计数率)反映地层的中子减速特性(含氢量),进而求出地层的孔隙度。

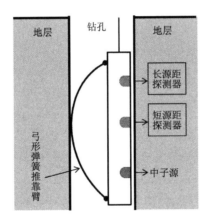

图 3-22 中子-热中子测井仪的示意图

对于孔隙度为固定值的地层,距离中子源越近的地方,热中子密度越大,所以源距(中子源到探测器的距离)影响着热中子密度(图 3-23a)。

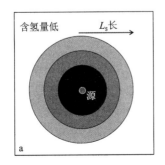 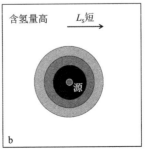

图 3-23 减速长度(含氢量)对热中子密度分布的影响

孔隙度不同(含氢量不同)的岩石,热中子浓度在中子源周围的分布不同(图 3-23)。一般沉积岩孔隙度越小,含氢量越低,减速长度 L_s 越大,则热中子分布的范围较大(在较远的空间也存在热中子)。相反,孔隙度越大,含氢量越高,减速长度 L_s 越小,则热中子分布范围较小。

假设有 4 种骨架相同、孔隙度不同的地层(孔隙度分别是 10%、20%、30%、40%),如图 3-24 所示,源距增大时 4 种地层的热中子密度都下降,而且孔隙度越大,下降速度越快。所以当源距固定不变时,在短源距区,孔隙度与热中子密度成正比;而在长源距区,孔隙度与热中子密度成反比。当采用补偿中子测井仪(CNL)测量时,短源距探测器测到的热中子密度与地层孔隙度成正比,长源距探测器测到的热中子密度与地层孔隙度成反比。

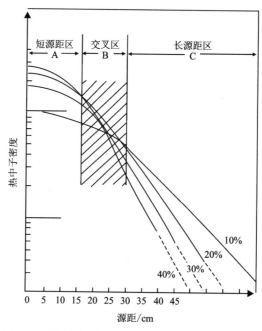

图 3-24 源距对不同孔隙度地层热中子密度的影响

热中子速度慢、能量低,只能做热运动,即从热中子密度大的地方向密度小的地方扩散,扩散时容易被其他原子核俘获,同时伴生俘获伽马射线。在组成沉积岩的核素中氯的热中子俘获截面最大,因此地层氯含量决定了岩石的俘获特性(扩散长度)。因此热中子密度的空间分布既与氢含量有关,又与氯含量有关(氯含量与热中子密度成反比)。对于利用热中子计数率大小反映岩层含氢量,进而反映岩层孔隙度值的中子-热中子测井方法来说,氯元素就是一个干扰因素,所以需要想办法压制氯元素(俘获作用)的影响。

在均匀无限介质中点状快中子源造成的热中子分布的理论关系式为

$$N_t(r) = \frac{K L_d^2}{4\pi D(L_s^2 - L_d^2)} \left(\frac{e^{-r/L_s}}{r} - \frac{e^{-r/L_d}}{r} \right) \tag{3-35}$$

式中:N_t 为热中子计数率;r 为探测器到中子源的距离(源距);D 为扩散系数;L_s、L_d 分别为减速长度和扩散长度;K 为与仪器有关的系数。

由式(3-35)可见,热中子计数率的大小不仅决定于岩层的含氢量(减速长度 L_s),还与岩层的氯含量(扩散长度 L_d)有关。若采用源距不同的两个热中子探测器,记录两个计数率 $N_t(r_1)$ 和 $N_t(r_2)(r_1 > r_2)$,取这两个计数率的比值,当源距 r 足够大时,则有

$$R_{nc} = \frac{N_t(r_1)}{N_t(r_2)} = \frac{r_2}{r_1} e^{-(r_1-r_2)/L_s} \tag{3-36}$$

从式(3-36)可以看出,计数率比值 R_{nc} 只与减速性质 L_s 有关,所以比值 R_{nc} 能更好地反映地层的含氢量。

常用的补偿中子测井(CNL)就是采用双源距比值法的热中子测井,用长、短源距两个探测器接收热中子,得到两个计数率 $N_t(r_1)$、$N_t(r_2)$,在饱和淡水的纯石灰岩刻度井中对仪器进行刻度,得到计数率比值 R_{nc} 与石灰岩孔隙度之间的关系,所以补偿中子测井得到视石灰岩中子孔隙度曲线。图 3-19 中给出了不同地层的补偿中子孔隙度测井曲线特征。

3.5.5 中子-超热中子测井

中子-超热中子测井是探测超热中子浓度以反映地层对中子的减速特性(含氢量),计算地层孔隙度的一种中子测井方法,适用于裸眼井。

从中子物理理论可以推知:探测器若只记录超热中子,就可避开热中子扩散和俘获过程的影响,使中子在被记录前只经历了在地层中的减速(慢化)过程,即主要和含氢量有关。这是超热中子测井的最大优点,但测量超热中子比测量热中子和俘获辐射伽马射线要困难得多。超热中子存在的时间比热中子存在的时间要短得多;超热中子比热中子的分布范围更小,导致探测范围更小,受井眼流体影响更大;且反应截面小,计数率低。目前适合超热中子的探测器只有 ^{3}He 计数管。所以目前超热中子测井在实际工作中用得很少。

超热中子测井采用井壁超热中子测井(sidewall neutron porosity, SNP),测井过程中超热中子探测器和中子源都紧贴井壁,以减小钻孔泥浆的影响。图 3-26 是井壁超热中子测井(SNP)的示意图。

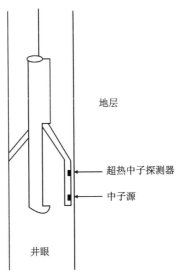

图 3-25 井壁超热中子测井(SNP)的示意图

超热中子比热中子能量稍微高一些,其空间分布规律与热中子的空间分布规律是一致的,即在长源距的情况下饱和流体的岩层的孔隙度越大,超热中子的计数率越低;孔隙度越小,则计数率越高。

因此,岩性不同,孔隙度不同,超热中子在中子源周围的分布就不同。一般的沉积岩,孔隙度越小,减速长度L_s越大,则在较远的空间存在较多的超热中子(图 3-26);相反,孔隙度越大,含氢量越多,减速长度L_s越小,则在源附近的超热中子越多。

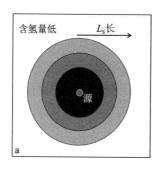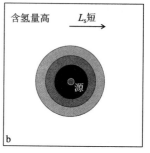

图 3-26　减速长度(含氢量)对超热中子密度分布的影响

由中子源发出的快中子在地层中运动,与地层中各种原子核发生弹性散射,逐渐损失能量、降低速度,成为超热中子。当入射中子能量一定时,其减速过程的长短与地层中原子核的种类及其数量有关。因为不同靶核与中子发生弹性散射的截面不同,每次散射的平均能量损失不同,因而它们的减速长度L_s不同,所以由不同核素组成的不同岩性的地层,在孔隙度相同的情况下,减速长度是不同的。

在地层中的所有核素中,氢是减速能力最强的核素,远远超过其他核素,它的存在及含量决定着地层减速长度的大小。因此,当孔隙中 100% 充满水时,孔隙度越大,则地层减速长度越短。图 3-28 描述了这种关系,给出了充满水的砂岩、石灰岩和白云岩 3 种岩性的岩石减速长度和孔隙度的关系曲线。由图 3-27 可以看出,L_s 随孔隙度增大而缩短,而且孔隙度相同、岩性不同的地层减速长度也不同。

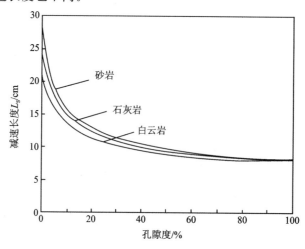

图 3-27　减速长度与孔隙度的关系示意图

当把探测器放在较远的地方,接收并记录超热中子的计数率,则孔隙度大的介质计数率低,孔隙度小的介质计数率高(参考图 3-24)。当把探测器放在较近的地方,接收并记录超热中子的计数率,则有相反的情况,即孔隙度越大,计数率越高。当探测器放在中间某一位置时,计数率与孔隙度的大小无关。

探测器到源之间的距离叫源距,上述第一种情况的源距叫长源距,第二种情况的源距叫短源距,第三种情况的源距叫零源距。实际工作中常用的是长源距探测。所以,测井记录的超热中子的计数率越大,反映岩层的孔隙度越小;反之,计数率越小,反映岩层的孔隙度越大。这正是利用超热中子测井可以测量岩层孔隙度的原理。由于超热中子被核素俘获的截面非常小,所以超热中子的空间分布不受岩层含氯量(即地层水矿化度)的影响,所以能够较好地反映含氢量的高低,即较好地反映岩层孔隙度的大小。

3.5.6 中子-伽马测井

中子-伽马测井(neutron-gamma logging)采用中子源向地层发射快中子射线,用伽马探测器接收俘获伽马射线,其仪器结构和测量原理与中子-热中子测井相似。区别在于中子-伽马测井不是测量热中子的计数率,而是测量热中子被原子核俘获后释放出的俘获伽马射线。俘获伽马射线的计数率一方面和地层含氢量(减速长度)有关,另一方面和地层含氯量(俘获截面)有关。由于同时受到两个因素影响,用中子-伽马测井测量地层孔隙度就容易受到地层水矿化度的影响,限制了它的应用。

同位素中子源在地层中造成的俘获伽马射线空间分布是比较复杂的,虽然也有人做了一些推导和计算,但最终也只能定性地说明一些问题。对于测井工作来说,定量解释是通过实验进行的,最直观的方法是通过实验作出计数率与源距的关系曲线。测井实验表明:

(1)随源距 L 增大,俘获伽马射线计数率 J_{nr} 按指数迅速降低。且当 $L>100cm$ 时,J_{nr} 已很低,此时的读数基本只反映背景值。

(2)当 $L=35cm$ 时,含氢指数不同的地层有大致相同的 J_{nr}。此时,测井的读数与含氢指数无关,但是能反映地层水矿化度(NaCl 含量)的变化。

(3)当 $L<35cm$ 时,含氢量越高的地层俘获伽马射线计数率越高;而当 $L>35cm$ 时,含氢量越高的地层俘获伽马计数率越低。

(4)当源距 L 选定后,盐水的俘获伽马射线计数率 J_{nr} 高于淡水(含氯量与 J_{nr} 成正比)。

中子-伽马测井的源距一般都通过实验选定,源距太小受井的影响大,对地层含氢量的变化不灵敏;源距太大,则计数率太低,涨落误差大。所以源距一般在 45~65cm 之间。

中子伽马的探测范围比超热中子及热中子测井都大一些。中子伽马测井仪器同样也需要在标准刻度井上定期进行标定,使测量结果标准化。

3.5.7 非弹性散射伽马能谱测井

非弹性散射(inelastic neutron scattering):快中子与物质中原子核碰撞,中子被原子核吸收形成复合核,随后中子以较低能量散射出来,原子核处于激发态,激发态原子核放出伽马射线后又回到基态。此过程中产生的伽马射线称为非弹性散射伽马射线(图3-22)。

理论上,在快中子与物质原子核的非弹性散射作用中,不同原子核将放出不同能量特征的非弹性散射伽马射线,所以分析非弹性散射伽马射线能谱就可以确定物质中核素的种类和它们各自的含量。

非弹性散射伽马能谱测井(inelastic scattering gamma ray spectrum logging)正是利用脉冲中子源向地层发射14MeV的高能快中子,然后用伽马射线探测器测量这些快中子与地层物质核素发生非弹性散射放出的伽马射线能谱,通过伽马能谱分析确定地层中某些元素含量的一种测井方法。

高能快中子打入地层,先发生非弹性散射,而后发生弹性散射,最后被地层俘获,这也是中子在地层中所经历的最主要的3个过程。因此,如果合理限定测量时间,我们可以只测量非弹性散射伽马射线(图3-28)。

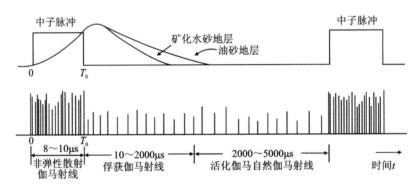

图3-28 脉冲中子源产生的伽马射线及其时间分布

碳氧比(C/O)能谱测井是非弹性散射伽马能谱测井的代表性方法。岩石中常见核素的非弹性散射伽马射线能谱的谱峰特征如表3-9所示。其中,^{12}C和^{16}O都具有较大的快中子非弹性散射截面,并且产生的非弹性散射伽马射线均具有较高的能量。我们可以通过记录^{12}C和^{16}O产生非弹性散射伽马射线的强度确定C和O的含量,而C和O又对油和水有很好的指示作用,因此发展了C/O能谱测井。

C/O能谱测井可以应用于套管井,主要用途包括:①划分油层和水层;②确定储层含油饱和度;③过套管确定油层的剩余油饱和度;④在注水开发过程中监视油水运动状态;⑤评价水淹层。

表3-9 常见核素产生的非弹性散射伽马射线能量

核素	^{28}Si	^{40}Ca	^{12}C	^{16}O
非弹性散射伽马射线能量/MeV	1.78	3.83	4.43	6.13

3.5.8 热中子寿命测井

测井中把热中子从产生到被原子核俘获之间这一段时间称为"热中子寿命",用符号τ表示,τ值的大小与地层中岩石及流体的元素成分有关。

热中子寿命测井(neutron lifetime log,NLL)又叫热中子衰减时间测井(thermal neutron decay time logging,TDT),它也是一种脉冲中子测井方法。其测量原理为:利用脉冲中子源发射高能快中子(14MeV),脉冲式照射地层,用伽马射线探测器探测经地层慢化产生的热中子被俘获后放出的伽马射线,根据俘获伽马射线计数率随时间的衰减,进而计算地层的热中子寿命和热中子宏观俘获截面。

因为脉冲中子源是脉冲式发射信号,热中子密度在空间中不能达到一个稳定的数值,而是反复地做指数衰减。通常选择的测量开始时间是在中子已经基本上都减速成热中子之后,所以测得的热中子密度及其随时间的衰减情况基本上由岩层的热中子俘获截面,即热中子的平均寿命(指热中子从产生到被吸收时所经过的平均时间,也即全部热中子被俘获63.3%所消耗的时间)所决定,与其他参数关系不大,这是热中子寿命测井的一个重要优点。

测井时,通常不是在一个深度点上测出整条热中子密度衰减曲线,而是在中子脉冲发射之后,在某两个或多个时间点上测量热中子密度,然后算出俘获截面或热中子寿命。

因为氯元素的热中子宏观俘获截面特别大,在地层水矿化度较高时(热中子寿命短),所以热中子寿命测井可用于判断含油性,划分油水层和油水界面,估计剩余油饱和度。

3.5.9 元素测井

元素测井(elemental concentration logging)也称地球化学测井(geochemical logging),通常是利用连续中子源发射快中子,探测器记录非弹性散射伽马能谱和热中子俘获伽马能谱,再通过能谱解析获得地层元素含量的一种测井方法。

元素测井通过测量岩石中的元素含量,并根据不同岩性剖面的矿物组合模型,再由元素含量计算出岩石的矿物成分。元素测井所提供的丰富信息,对评价地层各种性质、获取地层物性参数、计算黏土矿物含量、区别沉积体系、划分沉积相带和沉积环境、推断成岩演化、判断地层渗透性等均有重要意义。

代表性元素测井仪器有斯伦贝谢公司的 ECS,哈里伯顿公司的 GEM 和中国石油集团测井有限公司的 FEM。

斯伦贝谢公司的 ECS 元素测井仪如图 3-30 所示。该仪器利用镅铍(Am-Be)中子源发射 5MeV 快中子,采用锗酸铋闪烁晶体探测器记录非弹性散射伽马能谱和热中子俘获伽马能谱,解析非弹性散射伽马能谱得到的 C、O、Si、Ca 等元素含量,解析俘获伽马能谱得到 Si、Ca、S、Fe、Ti、Gd 等元素含量。然后采用氧元素闭合法把相对元素产量转化为 Si、Fe、Ca、S、Ti、Gd 的干质量浓度曲线,然后计算出矿物干质量(图 3-30)。

图 3-31 为元素测井曲线示意图。元素测井所提供的丰富信息,对确定岩性、计算黏土矿物含量、划分沉积相带和沉积环境等均有重要作用。

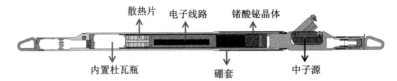

图 3-29 斯伦贝谢公司的 ECS 元素测井仪结构示意图

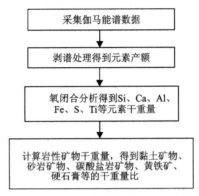

图 3-30 元素测井数据处理解释流程

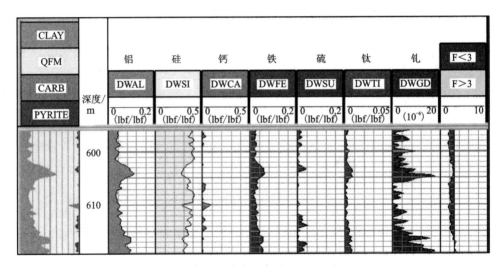

图 3-31 元素测井曲线示意图(dry weight,DW)

3.5.10 中子测井的应用

油气勘探中常用的中子测井方法是补偿中子测井(CNL),也叫中子孔隙度测井,可以用于计算地层的孔隙度、识别岩性、识别含气地层。

3.5.10.1 计算地层孔隙度

对于不含泥质的纯地层来说,孔隙度计算式为

$$\phi = \frac{\phi_N - \phi_{N_{ma}}}{\phi_{N_f} - \phi_{N_{ma}}} \tag{3-37}$$

式中：ϕ_N 为地层的补偿中子测井值；$\phi_{N_{ma}}$ 为岩石骨架的补偿中子测井值；ϕ_{N_f} 为孔隙流体的补偿中子测井值。

对于含水纯砂岩来说，$\phi_{N_{ma}} = -0.02$，$\phi_{N_f} = 1$，孔隙度计算公式为

$$\phi = \frac{\phi_N + 0.02}{1 + 0.02} \tag{3-38}$$

对于含水纯灰岩来说，$\phi_{N_{ma}} = 0$，$\phi_{N_f} = 1$，孔隙度计算公式为

$$\phi = \phi_N \tag{3-39}$$

对于含泥质的地层来说，孔隙度计算公式为

$$\phi = \frac{\phi_N - \phi_{N_{ma}}}{\phi_{N_f} - \phi_{N_{ma}}} - V_{sh} \frac{\phi_{N_{sh}} - \phi_{N_{ma}}}{\phi_{N_f} - \phi_{N_{ma}}} \tag{3-40}$$

式中：$\phi_{N_{sh}}$ 为泥质的补偿中子测井值。

3.5.10.2 识别岩性

图 3-19 给出了不同岩性地层的补偿中子孔隙度测井曲线(CNL)。需要注意的是，工业界画 CNL 曲线的时候习惯用反方向坐标，即曲线向右偏，表示值减小。在图 3-19 中，白云岩的 CNL 值最小，泥岩的 CNL 值最大(黏土中含水较多)。

3.5.10.3 识别含气地层

图 3-21 给出了含气地层的补偿中子孔隙度测井曲线(CNL)。含气地层中子孔隙度值和密度值会明显下降，通常可以利用密度和中子孔隙度测井曲线的交叉(cross-over)特征识别含气地层(图 3-20)。含气地层中子孔隙度值的异常降低常常被称为挖掘效应(excavation effect)或含气效应(gas effect)。因为天然气对热中子的减速能力比岩石骨架还小，相当于挖走了一定体积的骨架，生成了一个负含氢指数的附加值，导致中子测井孔隙度值偏低(远小于岩石的正常孔隙度)。

4 声波测井

声波(acoustic/sonic wave)是能量穿过介质(气体、液体、固体),远离声源时所引起的扰动模式。声波是一种机械波,由物体(声源)的机械振动产生,通过质点间的相互作用将振动由近向远传播。人耳能听到的声波频率在20Hz至20kHz之间,频率大于20kHz的声波称为超声波,频率小于20Hz的声波叫作次声波。声波测井使用的声波信号频率一般为15～20kHz,接近超声波的频率。

声波在不同岩石(介质)中传播时,波速度、衰减系数等参数不同。声波测井就是利用不同岩石的声学性质差异来研究钻井地质剖面,计算地层孔隙度,识别含气层,判断固井质量等的一套测井方法。

4.1 岩石的弹性参数

在弹性力学中,用弹性体的杨氏模量 E、切变模量 μ、泊松比 σ、体积模量 K 和密度 ρ 等来表述弹性体的性质。这些参数是针对均匀的、完全弹性的介质而定义的。对岩石这类非均匀、非完全弹性的介质,上述参数仍然沿用。但是需要说明,声波测井的声源能量较小,对地层作用时间短,这些参数是在某些限制条件下将岩石近似看作均匀弹性介质而得到的宏观近似值,它们与岩石的孔隙度、骨架矿物成分、孔隙流体性质等因素有相当复杂的关系。

4.1.1 杨氏模量

岩石的杨氏模量 E 表示岩石在外力作用下,发生拉伸(或压缩)形变时,拉伸(或压缩)应力 τ_i 与同方向上相对伸长(或缩短),即沿外加应力方向的线应变 ε_i 的比值,即

$$E = \frac{\tau_i}{\varepsilon_i} = \frac{F/A}{\Delta L/L} \tag{4-1}$$

式中:F 为外力,N;A 为面积,m^2;L 为原始长度,m;ΔL 为伸长量,m。

砂岩的杨氏模量为 10～30GPa,煤大约为 1GPa,橄榄石大约为 235GPa,辉石大约为 455GPa。

4.1.2 切变模量

岩石的切变模量 G 表示岩石在剪切力作用下,发生剪切形变时,剪切应力 τ_j 与剪切应变 ε_j 之比(图 4-1)。

$$G = \frac{\tau_j}{\varepsilon_j} = \frac{F_t/A}{\Delta l/l} \qquad (4\text{-}2)$$

式中：F_t 为剪切力，N；A 为面积，m^2；l 为原始高度，m；Δl 为位移量，m。

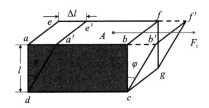

图 4-1 岩石的剪切形变

流体的切变模量为 0，砂岩的切变模量为 1~10GPa，煤的切变模量为 0.3~1GPa，凝灰岩的切变模量大约为 1.7GPa，赤铁矿的切变模量大约为 87GPa（是地球上发现的切变模量最大的矿物）。

4.1.3 泊松比

岩石的泊松比 σ 表示岩石受某一方向的法向应力（拉伸或压缩）时，在与外加应力垂直的方向上发生的横向线应变（ε_2，ε_3）与外加应力方向上纵向线应变（ε_1）的比值。

弹性体在纵向外力作用下，纵向上产生伸长的同时，横向缩小。设有一圆柱形弹性体的直径和长度分别为 D 和 L，在外力作用下，直径和长度的变化分别为 ΔD 和 ΔL，那么横向相对减缩 $\Delta D/D$ 和纵向相对伸长 $\Delta L/L$ 之比称为泊松比，用 σ 表示。

$$\sigma = \frac{\Delta D/D}{\Delta L/L} = -\frac{\varepsilon_2}{\varepsilon_1} = -\frac{\varepsilon_3}{\varepsilon_1} \qquad (4\text{-}3)$$

负号的意义：纵向线应变为正值（伸长）时，横向线应变则为负值（缩短），负号使泊松比 σ 始终为正值。

为常见岩石与矿物的泊松比都介于 0~0.5 之间，石英砂岩大约为 0.14，灰岩大约为 0.22，花岗岩大约为 0.2，泊松比最大的是软泥，$\sigma=0.45$ 或更大。

4.1.4 体积形变弹性模量

体积形变弹性模量（体积模量）K 定义：弹性体在均匀静压力 p 作用下，静压力 p 与体积相对变化量 $\Delta V/V$ 的比值，即

$$K = -\frac{p}{\Delta V/V} = -\frac{F/A}{\Delta V/V} \qquad (4\text{-}4)$$

式中：F 为外力，N；A 为面积，m^2；负号表示静压力增加时，体应变为负值（即体积缩小）。体积形变弹性模量的倒数叫作体积压缩系数。

4.1.5 密度

岩石的密度指单位体积岩石的质量。岩石由骨架和孔隙流体组成，分别定义骨架的密度 ρ_{ma} 和孔隙流体的密度 ρ_f；若孔隙中存在一种密度为 ρ_f 的流体，岩石的密度 ρ 可表示为

$$\rho = \rho_{ma}(1-\phi) + \rho_f \phi \quad (4\text{-}5)$$

式中：ϕ 为岩石孔隙度。

4.1.6 拉梅系数 λ 和 μ

连续力学中，拉梅系数（也称 Lamé 常数或 Lamé 参数）是由应变-应力关系中出现的 λ 和 μ 表示的两个材料相关量。通常，λ 和 μ 分别被称为 Lamé 第一参数和 Lamé 第二参数。拉梅系数与杨氏模量 E 和泊松比 σ 之间的关系如下。

$$\lambda = \frac{E\sigma}{(1+\sigma)(1-2\sigma)} \quad (4\text{-}6)$$

$$\mu = \frac{E\sigma}{2(1+\sigma)} \quad (4\text{-}7)$$

式中：E 为杨氏模量，Pa；σ 为泊松比。

4.2 岩石的声学参数

4.2.1 声波速度

弹性波在岩石中的传播是质点振动的传播，质点振动方向与声波的传播方向一致时，称为纵波（压缩波：compressional wave）；质点振动方向与声波的传播方向垂直时，称为横波（剪切波：shear wave）。岩石中声波传播速度主要与岩石的弹性模量和密度有关。纵波速度 v_P 和横波速度 v_S 可由下式表示。

$$v_P = \sqrt{\frac{\lambda + 2\mu}{\rho}} \quad (4\text{-}8)$$

$$v_S = \sqrt{\frac{\mu}{\rho}} \quad (4\text{-}9)$$

式中：λ 和 μ 为拉梅系数，ρ 为密度。常见介质的声波速度和声波时差如表 4-1 所示。

表 4-1 常见介质的声波速度和声波时差

介质	纵波速度/(m·s^{-1})	横波速度/(m·s^{-1})	纵波时差/(μs·m^{-1})	横波时差/(μs·m^{-1})
无水石膏	6100	3100	163	322
致密砂岩	5500	3235	182	309
致密灰岩	7000	4110	143	243
白云岩	7900	4647	127	215
泥岩	1830～3962	1076～2330	548～252	429～929
岩盐	4600～5200	2500～3100	217～193	323～400
煤	2200～2700	1000～1400	370～455	714～1000
空气	343	N/A	2915	N/A

续表 4-1

介质	纵波速度/(m·s^{-1})	横波速度/(m·s^{-1})	纵波时差/(μs·m^{-1})	横波时差/(μs·m^{-1})
石油	1070~1320	N/A	985~757	N/A
钻井液	1530~1620	N/A	655~622	N/A

注：N/A 表示不适用。

同一介质中，纵波速度和横波速度的比值为

$$\frac{v_P}{v_S} = \sqrt{\frac{2(1-\sigma)}{1-2\sigma}} \tag{4-10}$$

式中：σ 为泊松比。大多数岩石的泊松比近似等于 0.25，因此岩石的纵横波速度比值大约为 1.73，即纵波传播速度大于横波，纵波总是最先达到接收器。

4.2.2 声波时差

声学中将声波速度的倒数称为慢度，表示声波在介质中通过单位距离所需的时间。在声波测井中称为声波时差 Δt，有如下关系。

$$\Delta t_P = \frac{1}{v_P} \tag{4-11}$$

$$\Delta t_S = \frac{1}{v_S} \tag{4-12}$$

式中：Δt_P 为纵波时差，Δt_S 为横波时差，声波时差的单位一般为 μs/m。常见介质的声波时差如表 4-1 所示。

4.2.3 声阻抗

声阻抗(acoustic impedance)是力学术语，其物理学意义为：反映介质中某位置对应力学扰动而引起质点振动的阻尼特性。也就是机械波传导时介质位移需要克服的阻力。阻抗越大则推动介质所需要的力就越大，阻抗越小则所需的力就越小。

岩石声阻抗的数值为声速与密度的乘积，即

$$Z = \rho \cdot v \tag{4-13}$$

式中：ρ 为密度，kg/m^3；v 为声速，m/s。

4.2.4 声衰减系数

介质中某一质点的振动如图 4-2 所示，u 为质点离开平衡位置的位移，t_0 表示声波开始到达这点的时间，称为波的初至时间。经一段时间后，由于能量的损耗，质点振动幅度越来越小，直到最后停止振动。质点离开平衡位置的最大位移，如：A_1、A_2、A_3、A_4 等，叫作波的振幅，波的能量与振幅的平方成正比。

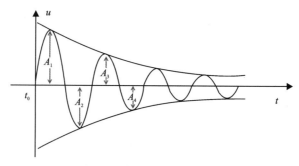

图 4-2　质点振动振幅的衰减

声波在岩石中传播时,由于内摩擦存在,声波能量逐渐衰减,所以随传播距离的增加,声波幅度也逐渐减小,声波幅度 A 与传播距离 L 的关系为

$$A = A_0 \mathrm{e}^{-\alpha L} \tag{4-14}$$

式中:A_0 为声源处的声波幅度,dB;α 为岩石对声波的吸收系数(与岩性和声波频率有关),m^{-1}。吸收系数越大,声波能量衰减越快。

4.2.5　声波遇到界面时的传播特性

声波在传播过程中遇到声阻抗不同的介质时会发生反射、透射和折射(图 4-3)。随着入射角的不同,将产生:①反射波和透射波;②滑行波和折射波;③全反射波。

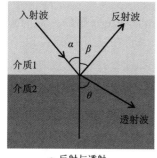
a. 反射与透射

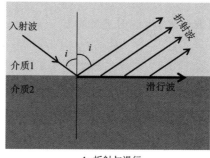
b. 折射与滑行

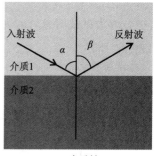
c. 全反射

图 4-3　声波在界面上的反射、透射和折射

当入射波的入射角 α 小于某一临界角 i 时,产生反射波和透射波(图 4-3a)。当入射角 α 等于临界角 i 时,产生滑行波和折射波(图 4-3b)。当入射角 α 大于临界角 i 时,入射波全部被反射回介质 1 中,形成全反射(图 4-3c)。

当入射波的入射角 α 小于临界角时,产生反射波和透射波(图 4-4)。反射角和透射角可以根据 Snell 定律计算,Snell 定律如下。

$$\frac{\sin\alpha}{V_{P1}} = \frac{\sin\beta_P}{V_{P1}} = \frac{\sin\beta_S}{V_{S1}} = \frac{\sin\theta_P}{V_{P2}} = \frac{\sin\theta_S}{V_{S2}} = 常数 \tag{4-15}$$

式中:V_{P1} 为介质 1 中的纵波波速,m/s;V_{S1} 为介质 1 中的横波波速,m/s;V_{P2} 为介质 2 中的纵波波速,m/s;V_{S2}为介质2中的横波波速,m/s;α为纵波入射角,(°);β_P为纵波反射角,(°);β_S为横波反射角,(°);θ_P为纵波透射角,(°);θ_S为横波透射角,(°)。

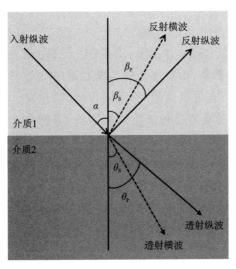

图4-4 声波在界面上的反射和透射

声波的能量在分界面上会重新进行分配,反射回介质1的能量用反射系数 R 来计算,透射入介质2的能量用透射系数 T 来计算($R+T=1$)。

反射系数(reflection coefficient)的表达式为

$$R=(Z_2\cos\alpha-Z_1\cos\beta)/(Z_2\cos\alpha+Z_1\cos\beta) \tag{4-16}$$

式中:Z_1为介质1的声阻抗(即波速度与密度的乘积);Z_2为介质2的声阻抗。

透射系数(transmission coefficient)的表达式为

$$T=1-R=2Z_1\cos\beta/(Z_2\cos\alpha+Z_1\cos\beta) \tag{4-17}$$

垂直入射时,反射系数 R 的表达式为

$$R=(Z_2-Z_1)/(Z_2+Z_1) \tag{4-18}$$

垂直入射时,透射系数 T 的表达式为

$$T=1-R=2Z_1/(Z_2+Z_1) \tag{4-19}$$

4.3 声波时差测井

声波时差测井,也称声波速度测井,是在井中测量井壁地层声波传播速度的一类测井方法。由于声波速度测井仪器记录到的初始物理量是声波到达两个接收器的时间差,因此称为声波时差测井。

声波时差测井仪核心部件是声系,由声波发射换能器和接收换能器组成。根据换能器数量差别,可分为单发射双接收(单发双收)、双发射双接收(双发双收)、单发射三接收、双发射四接收等测井仪。其中,单发双收和双发双收测井仪应用较普遍。

4.3.1 单发双收声波时差测井

1. 仪器结构特点

单发双收声波时差测井仪包括3个部分:声系、电子线路和隔声体。声系由一个发射换能器 T 和两个接收换能器 R_1、R_2 组成(图4-5)。仪器的外壳上有很多刻槽,称为隔声体,防止发射换能器发射的声波经仪器外壳直接传至接收换能器,干扰测量结果。

电子线路用来提供脉冲电信号,触发发射换能器 T 发射声波,接收换能器 R_1、R_2 接收声波信号,并转换成电信号。发射与接收换能器一般由具有压电效应的陶瓷晶体制成。发射换能器 T 在脉冲电信号的作用下产生(伸缩)振动,发射声波信号;声波信号向四周传播,接收换能器接收到声波,又会产生电信号,待放大后经电缆送至地面仪器被记录下来。

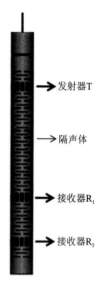

图 4-5 单发双收声波时差测井仪结构示意图

在实际测井中,电子线路每隔一定的时间(约0.1s)给发射换能器供一次强脉冲电流,使换能器晶体受到激发而产生振动,其振动频率由晶体的体积和形状决定。目前,声速测井所用的晶体的固有振动频率一般为 20kHz(所产生声波主频也为20kHz)。虽然发射器发射的是一个脉冲声波信号,但接收器接收到的是一个声波序列,通常包含滑行纵波、滑行横波、伪瑞雷波、斯通利波等(图4-6)。

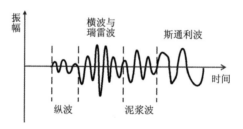

图 4-6 裸眼井中接收到的波列示意图

2. 测量原理

首先向发射换能器供电,使换能器中的晶体振动产生声波,并向井内泥浆及周围岩层中传播。由于泥浆的声速 v_1 与岩层的声速 v_2 不同,通常 $v_1 < v_2$,所以在泥浆和地层的界面(井壁)上将发生声波的反射和透射,由于发射换能器可在较大的角度范围内向外发射声波,因此,必有以临界角 i 方向入射到界面上的声波,产生沿井壁在地层中传播的滑行波。由于泥浆与地层接触良好,滑行波传播使井壁附近地层的质点振动,这必然引起泥浆质点的振动,在泥浆中引起折射波,因此接收换能器 R_1、R_2 在井中就可以接收到滑行波,进而测量井壁地层的声波速度(滑行波速度)。

此外,还有经过仪器外壳和泥浆传播到接收器的直达波和反射波,所以需要在仪器外壳刻上横槽并选择较大的源距(发射器与接收器间的距离),就可以使滑行波信号首先到达接收器,声波测井仪就可以准确记录滑行波的到达时间,获得滑行波的速度。仪器记录点为两个接收换能器的中点对应的深度。图4-7为单发双收声波时差测井的工作原理。

在竖直井井径没有异常的情况下,发射器在某一时刻 t_0 发射声波,声波经过泥浆→地层→泥浆传播到接收器,其传播路径如图4-7a所示,即沿 $ABCD$ 路径传播到接收换能器 R_1,沿 $ABCEF$ 路径传播到接收换能器 R_2,到达 R_1 和 R_2 的时刻分别为 t_1 和 t_2,那么到达两个接收换能器的时间差 ΔT 为

$$\Delta T = t_2 - t_1 = \left(\frac{AB}{v_1} + \frac{BE}{v_2} + \frac{EF}{v_1}\right) - \left(\frac{AB}{v_1} + \frac{BC}{v_2} + \frac{CD}{v_1}\right) = \frac{CE}{v_2} = \frac{DF}{v_2} = \frac{Z}{v_2} \quad (4\text{-}20)$$

式中:DF 和 CE 均等于两个接收换能器(R_1 和 R_2)之间的间距 Z;v_1 为泥浆的声速,m/s;v_2 为岩层的声速,m/s。所以,岩层的声速 v_2 可以表示为

$$v_2 = \frac{Z}{\Delta T} \quad (4\text{-}21)$$

实际中,声波时差测井的结果通常会用声波时差 Δt(它是声速的倒数)表示为

$$\Delta t = \frac{1}{v_2} = \frac{\Delta T}{Z} \quad (4\text{-}22)$$

需要注意,时间差 ΔT 的单位通常为 μs,声波时差 Δt 的单位通常为 μs/m 或 μs/ft,声速的单位通常为 m/s,它们之间可以互相换算。

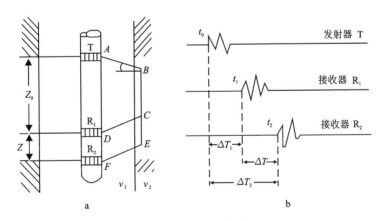

图 4-7 单发双收声波时差测井原理示意图(Z_0 称为源距,Z 称为间距)

4.3.2 双发双收声波时差测井

当钻孔井径变化或测井仪器倾斜时(图4-8),单发双收声波时差测井仪的两个接收换能器 R_1、R_2 到井壁的距离就不相等($CD \neq EF$),式(4-20)就不能成立,此时测井结果就会偏离地层的真实声速。如果仪器向上运动进入大井眼,图4-8a中的情况是 CD 先变大,EF 未变,$CD > EF$,此时传播到换能器 R_1 的声波在泥浆中走的路程比传播到换能器 R_2 的要长,导致 ΔT_1 产生一个额外的增量,使得最后测量到的时间差 Δt 比正常值小,这种时间差的变化并不

是地层声速变化造成的,而是由井径变化造成的。为了克服这种井径变化的干扰,进一步发展出了双发双收声波时差测井。

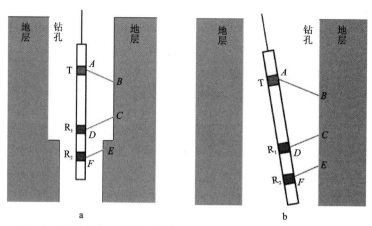

图 4-8 井径变化(a)和仪器倾斜(b)对声波时差测量的影响示意图

双发双收声波时差测井又称井眼补偿声波测井,该方法采用上、下两个发射探头(T_U和T_D)和两个接收探头(R_1和R_2)组成声系进行声速测井(图 4-9)。测井时,在某一测量点处,上、下两个发射探头 T_U 和 T_D 交替工作,分别测量到一个时差(Δt_U 和 Δt_D),取 Δt_U 和 Δt_D 的平均值就可以消除井径变化和仪器倾斜的干扰。

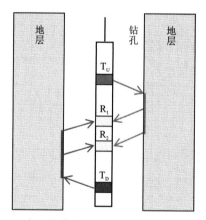

图 4-9 双发双收声波时差测井仪器测量原理示意图

当井壁出现垮塌,井径扩大时,上、下层段井径小,中间一段井径大(图 4-10a)。图 4-10b 为上发射器 T_U 工作时,测量到的时差曲线 Δt_U,图 4-10c 为下发射器 T_D 工作时,测量到的时差曲线 Δt_D,可以看到井径变化对 Δt_U 和 Δt_D 的影响相反,所以取 Δt_U 与 Δt_D 的平均值能让两条曲线上的正异常与负异常互相抵消,正好消除井径变化的干扰。图 4-10d 为取 Δt_U 与 Δt_D 的平均值后得到的正常时差曲线。

所以,双发双收补偿声波测井仪能够自动补偿井径变化和仪器倾斜的影响,测量结果能更准确地反映地层声速。

4 声波测井

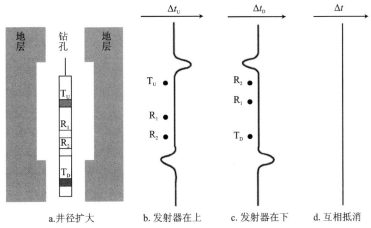

a.井径扩大　　b.发射器在上　　c.发射器在下　　d.互相抵消

图 4-10　双发双收声波时差测井仪器消除井径影响的示意图

4.3.3　声波时差测井的影响因素

声波时差测井曲线反映地层的声波速度,主要与岩性、孔隙度和孔隙流体性质有关,但也会受到其他一些因素的干扰。

1. 井径变化的影响

前面已经提到井径变化对单发双收声波时差测井影响很大,双发双收声波时差测井在一定程度上可以消除井径变化的影响,但实际中还是会受到一些影响。通常井径扩大的井段声波时差会有异常增大(图 4-11)。

2. 地层厚度的影响

地层厚度是相对声速测井仪的间距(两个接收器的间距)来说的,地层厚度大于间距的称为厚层,小于间距的称为薄层。它们在声速测井曲线上的显示是有差别的。薄层的时差曲线受围岩影响较大,厚层的声波时差曲线不受围岩的影响。

3. "周波跳跃"现象

一般情况下,声波时差测井仪的两个接收换能器是被同一首波触发的,但是在含气疏松地层情况下,地层大量吸收声波能量,声波发生较大的衰减,声波的首波信号有时只能触发距离较近的第一个接收器 R_1,而无法到达第二接收器 R_2,第二接收器只能被续至波所触发,因而在声波时差曲线上出现"忽大忽小"的幅度急剧变化的现象,这种现象称为周波跳跃(图 4-11)。

在泥浆气侵的井段,疏松的含气砂岩压力较大,井壁坍塌和裂缝发育的地层,由于声波能量的严重衰减,经常出现这种周波跳跃的现象。周波跳跃现象的存在,使得无法由时差曲线正确读出地层的时差值。但是,周波跳跃这个特征,却可以作为判断裂缝发育地层和寻找气层的主要依据。

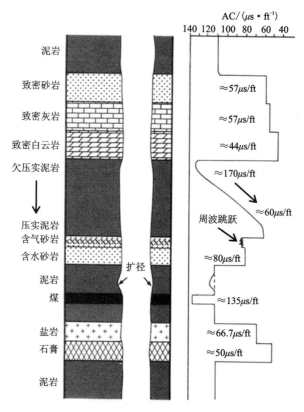

图 4-11 不同岩层的声波时差曲线示意图

4.3.4 声波时差测井的应用

1. 划分岩性

由于不同地层具有不同的声波速度,所以根据声波时差曲线可以划分不同岩性(图 4-11)。对于砂泥岩剖面,砂岩的声波速度一般较大(声波时差较小)。砂岩的胶结物的性质和含量也影响声波时差的大小,通常钙质胶结比泥质胶结的声波时差低,并且随着钙质含量增多,声波时差下降;随泥质含量增多,声波时差增高。泥岩的声波速度一般较小(声波时差较大)。页岩的声波时差值介于砂岩和泥岩之间。通常岩石越致密,声波时差值越低。

碳酸盐岩剖面中,致密石灰岩和白云岩的声波时差值最低,如含有泥质时,声波时差稍有增高;如有孔隙或裂缝时,声波时差有明显增大,甚至还可能出现声波时差曲线的周波跳跃现象。

在膏盐剖面中,石膏与岩盐的声波时差有明显的差异。岩盐部分因井径容易扩大,时差曲线会变大,所以可以利用声波时差曲线划分膏盐剖面(图 4-11)。

2. 确定孔隙度

已知岩层声速和孔隙度有关,通过理论计算和实验可以确定声速(或声波时差)与孔隙度的关系式,由声波时差测井值可以计算岩层的孔隙度。声波时差反映的是岩层的总孔隙度。

大量的实践表明,在固结、压实的纯地层中,若有小的均匀分布的粒间孔隙,则孔隙度和声波时差之间存在线性关系,其关系式称为 Wyllie 时间平均公式。

$$\Delta t = \phi \Delta t_f + (1-\phi) \Delta t_{ma} \tag{4-23}$$

式中:Δt 为由声波时差曲线读出的地层声波时差,μs/m;Δt_f 为孔隙中流体的声波时差,μs/m;Δt_{ma} 为岩石骨架的声波时差,μs/m;ϕ 为孔隙度。然后得到孔隙度的计算公式:

$$\phi = \frac{\Delta t - \Delta t_{ma}}{\Delta t_f - \Delta t_{ma}} \tag{4-24}$$

在应用 Wyllie 时间平均公式时,必须注意此公式的应用条件——孔隙均匀分布、固结且压实的纯地层。因此,当地层含泥质或者压实程度较低时,就需要对时间平均公式进行校正,得到有效孔隙度ϕ_e。

$$\phi_e = \frac{\Delta t - \Delta t_{ma}}{\Delta t_f - \Delta t_{ma}} \frac{1}{C_p} - V_{sh} \frac{\Delta t_{sh} - \Delta t_{ma}}{\Delta t_f - \Delta t_{ma}} \tag{4-25}$$

式中:V_{sh} 为泥质含量;Δt_{sh} 为泥质的声波时差;C_p 为压实校正系数。

理论上,已压实岩石 C_p 为 1,未压实岩石 $C_p > 1$。C_p 的计算公式为

$$C_p = 1.68 - 0.0002 \cdot D \tag{4-26}$$

式中:D 为岩石的在地下的埋藏深度。

3. 制作合成地震记录

合成地震记录是用声波时差(纵波速度的倒数)和密度测井资料计算得到的人工合成地震记录(地震道)。它是地震层位标定、构造解释、油藏描述等工作的基础,是把地震图像转化为地质模型的"桥梁"。合成地震记录是连接高分辨率的测井信息与区域性的地震信息的桥梁,其精度直接影响到地层层位的准确标定。

合成地震记录的制作是一个简化的一维正演过程,合成地震记录是地震子波与反射系数褶积的结果(图 4-12)。其计算公式为

$$s(t) = a(t) * x(t) \tag{4-27}$$

式中:$s(t)$ 为合成地震记录;$x(t)$ 为反射系数序列;$a(t)$ 为地震子波。

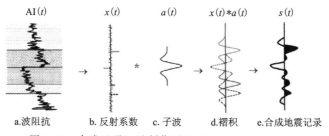

图 4-12 合成地震记录制作原理(据 El-Behiry 等,2020)

反射系数与地层波阻抗(波速度与密度的乘积)的变化有关,其计算公式如下。

$$x_i = \frac{\rho_{i+1} v_{i+1} - \rho_i v_i}{\rho_{i+1} v_{i+1} + \rho_i v_i} \tag{4-28}$$

式中：ρ 为密度测井值，kg/m^3；v 为纵波速度测井值(声波时差的倒数)，m/s。

图 4-13 为实际测井数据制作合成地震记录的例子。在地震软件中输入纵波速度 v_P 和密度 DEN 测井数据，选择合适的子波(如雷克子波)，便可得到合成地震道，并插入地震剖面中对地震数据进行标定和约束。

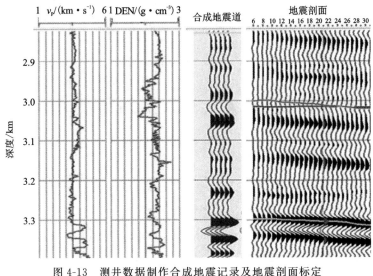

图 4-13 测井数据制作合成地震记录及地震剖面标定

除此之外，声波时差测井资料还可以用于识别含气层和破碎带、预测地层压力等方面。

4.4 声波幅度测井

声波幅度测井(声幅测井)是在井中通过测量声波在传播过程中幅度的衰减情况来研究钻孔周围介质特点的方法，主要应用于评价套管井的固井质量。代表性的声幅测井方法包括水泥胶结测井(cement bond logging，CBL)，也称作固井声幅测井，是最早出现的一种声幅测井方法，以及后来出现的声波变密度测井(variable density log，VDL)和扇区水泥胶结测井(segment bond tool，SBT)。

4.4.1 水泥胶结测井

声波在岩石等介质内传播时，由于质点振动要克服质点间的摩擦力，即介质的黏滞使声波能量转化成热能而衰减；这种现象也就是所谓的介质吸收声波能量。因此，声波在传播过程中能量不断减小，直至最后消失。声波能量被地层吸收的情况与声波频率和地层的密度等因素有关。对于同一地层来说，声波频率越高，其能量越容易被吸收；对于一定频率来说，地层越疏松(密度小、声速低)，声波能量被吸收得越严重，声波幅度衰减越大。所以测量声波幅度可以了解岩层的特点和固井质量。

在不同介质的界面声波将发生反射和透射(图 4-3a)。入射波的能量一部分被界面反射，返回第一介质；另一部分能量透过界面传到第二介质，在第二介质中继续传播。声波在分界面上的反射波和透射波的幅度取决于两种介质的声阻抗 Z(即介质密度与声速的乘积)。

两种介质的声阻抗之比(Z_1/Z_2)称为声耦合率。介质 1 和介质 2 的声阻抗越接近,声耦合率越接近 1,声耦合越好,声波能量就越容易从介质 1 中透射到介质 2 中去;反之,介质 1 和介质 2 的声阻抗相差越大,则二者的声耦合越差,声波能量就越不容易从介质 1 中透射到介质 2 中去。

水泥胶结测井(CBL)下井仪器如图 4-14 所示,声系包含一个发射换能器 T 和一个接收换能器 R,收发距为 1m。测井时,发射换能器 T 发出声波脉冲(主频 20kHz),声波先进入泥浆再进入套管,其中以临界角入射的声波,在泥浆和套管的界面上产生沿界面在套管中传播的滑行波(又叫套管波),随后套管波产生的折射波又以临界角的角度折射进入井内泥浆并到达接收换能器 R,仪器测量记录套管波的第一个波峰的幅度值,即水泥胶结测井曲线值(以 mV 为单位)。这个幅度值的大小主要与套管和固井水泥胶结程度有关,同时也受套管尺寸、水泥强度、水泥环厚度和仪器居中情况的影响。

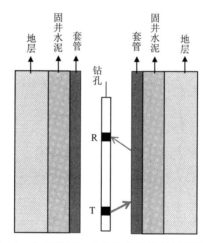

图 4-14　水泥胶结测井仪结构及测量原理示意图

实际测井中,到达接收器的信号是一个声波波列(图 4-15),除了套管波,还有地层波、泥浆波等。套管波沿着套管与泥浆的界面在套管中传播,地层波沿着地层和水泥的界面在地层中传播,泥浆波是井壁上产生的反射波。但早期出现的水泥胶结测井只测量最早到达接收器的套管波的第一个波峰的幅度值,后续到达的声波信号没有得到有效利用。

进行水泥胶结测井时:①发射换能器发出声波脉冲(主频 20kHz),经泥浆进入套管,产生套管波;②接收探头接收首波幅度;③幅度被转换为相应的电压值并予以记录;④当仪器沿钻孔移动时,就测出随井深变化的声幅曲线(图 4-16)。

解释中,通过声幅曲线值的相对高低(相对幅度)来确定套管与水泥环胶结质量的好坏。相对幅度的计算方法如下。

$$相对幅度 = \frac{目标井段的声幅}{无水泥井段的声幅} \times 100\% \tag{4-29}$$

一般,相对幅度大于 40% 表示固井质量差,相对幅度小于 20% 表示固井质量好,介于 20%~40% 之间表示固井质量中等(图 4-16)。

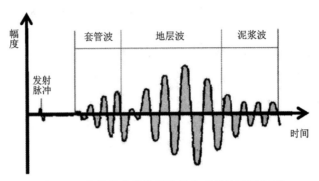

图 4-15 套管井中接收探头接收到的波列示意图

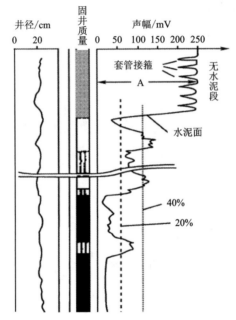

图 4-16 套管井中水泥胶结测井结果示意图

4.4.2 声波变密度测井

在套管井中，固井质量不仅与套管和固井水泥的胶结情况有关，还与固井水泥和地层的胶结情况有关（图 4-17）。这里就涉及两个胶结界面的评价，通常把钢套管和固井水泥的胶结界面叫作第一胶结界面，把固井水泥和地层的胶结界面叫作第二胶结界面。

普通的声幅测井（水泥胶结测井）只能反映第一胶结界面的胶结质量，无法反映第二胶结界面的胶结质量，所以又进一步发展出了声波变密度测井（VDL），也叫声幅变密度测井。声波变密度测井通过分析套管井内接收到的声波全波列特征，可以同时评价第一胶结界面和第二胶结界面的固井质量。

声波变密度测井采用单发双收声系（图 4-17），发射器发射主频 20kHz 的声波脉冲信号，两个接收器的源距分别为 3ft（1ft＝304.8mm）和 5ft。源距 3ft 的接收器（R_3）接收套管波首波幅度,功能和水泥胶结测井类似,根据一条声幅曲线的高低来确定固井质量的好坏。源距 5ft 的接收器(R_5)接收的是全波列声波信号,包含了套管波、地层波、泥浆波等信号,套管波和地层波的幅度大小分别能够反映第一胶结界面和第二胶结界面的固井质量。

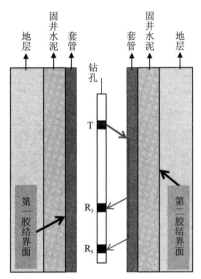

图 4-17 声波变密度测井采用单发双收声系

对于源距 5ft 的接收器,测量到全波列波形后(图 4-18a),把信号幅度正半周保留,负半周去掉(图 4-18b),再根据正半周声波幅度的大小,给声波波形填充颜色,并投影到时间轴上(图 4-18c),一般幅度越大,投影线段越黑越长,幅度小于或等于零的信号都显示为白色或背景色。

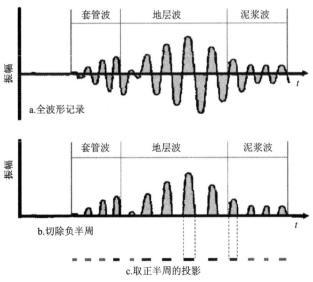

图 4-18 声波变密度测井单点信号处理过程

图 4-18c 为其中一个深度点上得到的图像,测井仪器在钻孔里移动,得到不同深度点上的

图像(图4-19a),当大量连续的深度点合在一起显示时,就得到声波变密度测井图(图4-19b)。变密度测井图通常就是灰(黑)白色相间的条带,以其颜色的深浅表示声波幅度的大小。

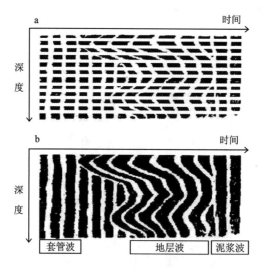

图 4-19 声波变密度图的成图过程

测井解释时通过对变密度测井图上显示的套管波、地层波和泥浆波的强弱程度分析,来确定套管与水泥环(第一胶结界面)和水泥环与地层(第二胶结界面)胶结质量的好坏。

套管波通常最早到达接收器,图像上为前面几条竖直的黑色条带(钢套管声速为定值)(图4-19b)。地层波为图像中间几条左右摇摆的黑色条带(图4-19b)。泥浆波通常最晚到达接收器,图像上为后面几条竖直的黑色条带(泥浆声速为定值)(图4-19b)。

一般在套管井中,全波列前3个波峰为套管波;第4~6个波峰为水泥环波(很弱,通常不明显);第7个波峰以后为地层波;最后3个波峰为泥浆波(直线)。

当第一胶结界面质量差时,套管波幅度大(图4-20a),图像颜色深。这种情况下,声波能量不易进入水泥和地层,大部分声波能量都沿着套管传播,所以套管波能量很强。

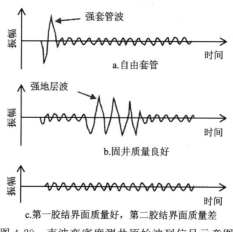

图 4-20 声波变密度测井原始波列信号示意图

当第一胶结界面质量差时,由于声波信号无法进入水泥和地层,因此无法探测第二胶结界面的质量。

当第一胶结界面质量好时,套管波幅度小,图像颜色浅(图 4-21)。这种情况下,声波能量容易进入水泥和地层,大部分声波能量都沿着水泥和地层传播,因水泥吸收系数大,所以最后接收不到水泥波,此时如果第二胶结界面质量也好,就能看到地层波能量很强(图 4-20b 和图 4-21)。

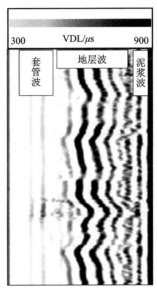

图 4-21 某井中的声波变密度图(套管波幅度小、地层波幅度大)

当第一胶结界面质量好,而第二胶结界面质量不好时,声波能量容易进入水泥,但无法进入地层,就导致声波能量大都被水泥吸收,套管波和地层波幅度都很小(图 4-20c)。

实际工作中,声幅-变密度测井由磁定位(casing collar locator,CCL)、自然伽马仪(GR)和声幅-变密度仪(CBL-VDL)组成,能够实现一次下井,测出 CCL、GR、CBL-VDL 等多条组合曲线,实现套管检测和固井质量评价。

套管接箍定位器是一种对套管或油管接箍金属厚度变化敏感的磁性测量装置。通常在套管井中用于确定套管接箍,标定测井深度。

4.5 长源距声波全波列测井

早期的声波时差和声波幅度测井,只记录滑行纵波首波的到达时间或幅度信息,没有充分利用后续波(如横波、伪瑞雷波、斯通利波等)中的其他信息。所以后来发展出的长源距全波列声波测井是声波测井技术发展中的一大突破,它有以下几个特点。

(1)声源发射的声波频率为 5~10kHz(低于 20kHz)。

(2)接收器通常包含一个接收阵列,由 4~12 个接收器组成。

(3)从记录常规的滑行纵波首波,发展到记录包括滑行纵波、滑行横波、伪瑞雷波、斯通利波等的整个波列(图 4-6)。

(4)收发距(source-receiver separation)较大,通常大于 3m。

(5)实现了对波列的离散数字记录。

图 4-22a 是短源距声系测量到的波形,S 波与 P 波重叠严重,不易区分;图 4-22b 是长源距声系测量到的波形,S 波与 P 波容易区分。所以适当增大源距,采用长源距接收器,能更好地将纵横波区分开来。

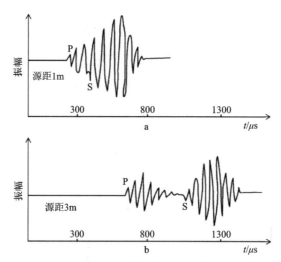

图 4-22 短源距(a)和长源距(b)声波测井的全波列

图 4-23 为长源距声波全波列得到的原始波列数据和处理后得到的声波慢度曲线。硬地层中,纵波(P 波)、横波(S 波)、斯通利波(ST 波)一般比较容易识别,可以拾取到它们的到达时间并计算出声波慢度(声波时差)。

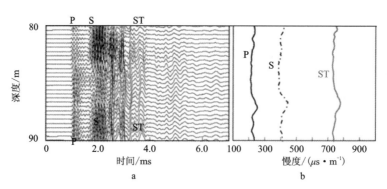

图 4-23 原始全波列数据(a)和处理后得到的声波慢度曲线(b)

图 4-24 为某井中不同岩性段的实测声波全波列测井图。可以看到,纵波(P 波)的到达时间随着岩性变化而变化,白云岩和灰岩段的纵波(P 波)到达时间较早,泥岩段纵波(P 波)到达时间较晚;泥岩段横波(S 波)波形消失,白云岩和灰岩段横波(S 波)波形较明显;斯通利波(ST 波)到达时间随着岩性变化也有变化。

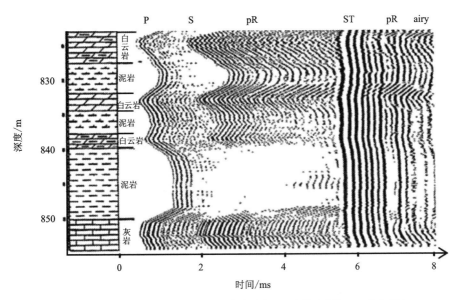

源距为 6.75m；P 为纵波；S 为横波；pR 为伪瑞雷波；ST 为斯通利波；airy 为艾利波。

图 4-24 某井实测声波全波列测井图（据 Arditty et al.，1981）

4.6 阵列声波测井

阵列声波测井仪由长源距声波全波列测井仪改进而来。它一般有两个声波发射器（间距 0.608m），8 个线阵排列的声波接收探头（间距 0.152m）。发射器与接收探头的源距最短为 2.44m，最长为 4.12m（图 4-25）。其主要特点如下。

(1) 任一发射器每发射一次，阵列接收探头都能接收到 8 个波列（图 4-26），每个波列在测量时间上比长源距声波全波列测井的测量时间增加了 1 倍以上，达 4000μs 以上。

(2) 发射器带宽为 5~18kHz。

(3) 线阵接收声系的接收器间距小（0.15m），有利于识别薄层（即纵向分辨率高）。

(4) 组成源距分别为 8ft 和 10ft 的长源距声波测井，获得纵波时差和横波时差。

(5) 通过记录多条曲线进行相关和叠加处理，可以有效地压制干扰，准确提取纵波、横波和斯通利波的各种信息。由于接收器的间距较小，能满足薄层研究的需要。

图 4-25 阵列声波测井仪的结构

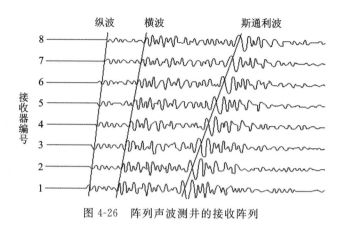

图 4-26 阵列声波测井的接收阵列

4.7 偶极横波测井

传统的声波发射器都是单极子发射器,一般为圆柱形,可看作点声源或柱状声源,能均匀地向四周发射声波能量,声脉冲由井内流体透射进入地层时,使井壁周围产生轻微膨胀,使地层介质产生轴对称运动(图 4-27)。单极子声波全波列测井遇到的一个难题是在软地层(地层横波速度小于井眼流体波速度)中,无法产生滑行横波(图 4-28b),导致全波列波形中没有横波信息而无法测量横波速度。

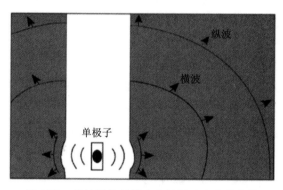

图 4-27 单极子发射器产生的振动和声波信号

为了测量软地层的横波速度,进一步发展了偶极横波测井。偶极横波测井采用偶极子声源,偶极子声源可看作两个距离很近、强度相同、相位相反的点声源的组合(图 4-29)。当偶极子声源在井内振动时(像活塞),在井壁附近产生挠曲波(flexural wave)。挠曲波是一种频散面波,其传播速度随声波频率变化,在低频(1kHz)时趋近横波速度,在高频时低于横波速度,观测低频挠曲波的速度可反映横波速度。图 4-30 为偶极源在软地层中产生的声波信号和接收器接收到的全波列波形,波列中只有纵波和挠曲波,没有横波信号。低频挠曲波的速度十分接近于横波速度,所以可以通过测量挠曲波的速度来求横波速度。

4 声波测井

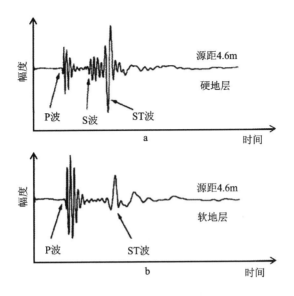

图 4-28 硬地层(a)和软地层(b)中单极源产生的全波列波形

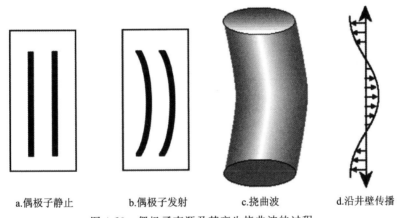

a.偶极子静止　　b.偶极子发射　　c.挠曲波　　d.沿井壁传播

图 4-29 偶极子声源及其产生挠曲波的过程

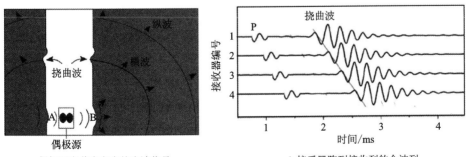

a.偶极源在井中产生的声波信号　　　　b.接受器阵列接收到的全波列

图 4-30 偶极声波测井信号发射与接收

新型的多极子阵列声波测井仪器一般包含了多种声波测井功能,代表性的仪器有中油测井的 MPAL、中海油服的 EXDT、斯伦贝谢公司的 DSI 和贝克休斯公司的 XMAC(图 4-31)。新型仪器包含多个单极子声源和多个偶极子声源,可以完成声波时差、声幅、声波全波列、偶极横波等测井工作。所以多极子阵列声波测井用途十分广泛,在裂缝评价、渗透率评价、地层各向异性分析、地应力分析、岩石弹性力学参数评价、含气层探测等方面都有应用。

图 4-32 为交叉偶极子阵列声波测井的解释成果图。第一道为交叉偶极子阵列声波测井获得的快横波和慢横波时差,第二道为快横波和慢横波波形,第三道为地层各向异性,第四道为快横波方位。在各向同性地层中,快横波和慢横波时差曲线重合,波形也重叠;在各向异性地层中,快横波和慢横波时差曲线不重合,波形也不重叠,差异越大,各向异性越大。快横波方位通常对应着地应力的最大主应力方位。

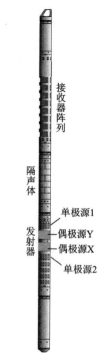

图 4-31 交叉多极子阵列声波测井仪 XMAC 的结构

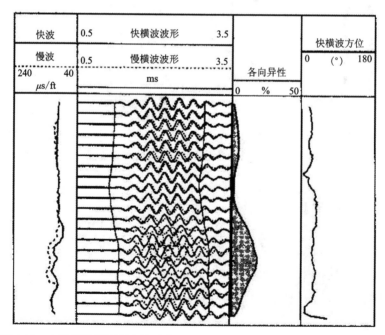

图 4-32 交叉偶极子阵列声波测井得到快慢横波及其对地层各向异性的指示

5 电测井

以岩石电学和电化学性质为基础的测井方法,统称为电测井。电测井是最早出现的一类测井方法,经过一百多年的发展,电测井方法得到不断发展,依次出现了普通电阻率测井、自然电位测井、侧向测井、感应测井、阵列感应测井、三分量感应测井、介电测井等方法。

5.1 岩石的电性参数

井中地球物理勘探中常用的岩石电性参数有电阻率或(电导率)、介电常数和极化率。

5.1.1 电阻率(电导率)

根据欧姆定律,一块材料的电阻 R 可以通过测量电路中电压 U 和电流强度 I 获得

$$R = \frac{U}{I} \tag{5-1}$$

可以得到

$$I = \frac{U}{R} \tag{5-2}$$

所以,电压 U 不变时,电流强度 I 取决于材料的电阻 R,电阻越大,电流强度越小,说明电阻能阻碍电流产生。但是一块材料的电阻又是由什么因素决定的呢?

同样尺寸的材料,材质不同,它们的电阻 R 不同,所以除了几何尺寸,决定电阻 R 值大小的另一个重要参数就是本征电阻率 ρ(intrinsic resistivity),简称电阻率。材料的电阻率主要与其成分有关,但也受温度、压力和磁场等外界因素影响。

用某种电阻率 ρ 的材料制成圆柱形标本,若长度为 l,横截面积为 S,则标本的电阻 R 表示为

$$R = \rho \cdot \frac{l}{S} \tag{5-3}$$

式中:电阻的单位是欧姆(Ω);电阻率的单位是 $\Omega \cdot m$。

电阻率的倒数就是电导率 σ(conductivity),即 $\sigma = 1/\rho$,二者是互逆的概念。电导率表示材料传导电流的能力,一块材料的电导率越大,说明它对电流的传导能力越强,产生的电流强度越大。电导率的单位是 S/m。

在电磁学理论中,材料的电导率定义为材料内电流密度 J 与电场强度 E 的比值。

$$\sigma = \frac{J}{E} \tag{5-4}$$

所以,电阻率定义为

$$\rho = \frac{E}{J} \tag{5-5}$$

岩石是不同矿物和孔隙流体组成的混合介质,不同矿物和孔隙流体的电导率不一样,混合介质的等效电导率 σ_{eff}(或称平均电导率)取决于各组分的电导率及其体积含量。常用的等效电导率计算模型有并联模型、串联模型、Waff 模型等。

并联模型(各组分并联导电):

$$\sigma_{\text{eff}} = \sum_{i=1}^{n} \phi_i \sigma_i \tag{5-6}$$

式中:σ_i 为第 i 种组分的电导率,S/m;ϕ_i 为第 i 种组分的体积含量。

串联模型(各组分串联导电):

$$\frac{1}{\sigma_{\text{eff}}} = \sum_{i=1}^{n} \frac{\phi_i}{\sigma_i} \tag{5-7}$$

式中:σ_i 为第 i 种组分的电导率,S/m;ϕ_i 为第 i 种组分的体积含量。

针对两相介质等效电导率的 Waff 模型(Waff,1974):

$$\sigma_{\text{eff}} = \frac{\sigma_2 + (\sigma_1 - \sigma_2)(1 - (2\phi_2/3))}{1 + (\phi_2/3)(\sigma_1/\sigma_2 - 1)} \tag{5-8}$$

式中:σ_1 和 σ_2 为两种组分的电导率,S/m;ϕ_2 为第二种组分的体积含量。

若 ϕ_2 为孔隙度,纯砂岩等效电导率 σ_{eff} 的经典 Archie 模型为

$$\sigma_{\text{eff}} = \sigma_2 \phi_2^m \tag{5-9}$$

式中:ϕ_2 为砂岩孔隙度;σ_2 为砂岩孔隙流体电导率,S/m;m 为胶结指数。

常见岩石介质的电阻率如表 5-1 所示。

表 5-1 常见岩石介质的电阻率

介质	电阻率/(Ω·m)	介质	电阻率/(Ω·m)
花岗岩	1000~100 000	页岩	50~1000
角闪岩	1000~100 000	黏土	10~100
玄武岩	100~100 000	石墨	0.01~100
安山岩	1000~100 000	块状硫化物矿	0.001~1
砂岩	20~1000	海水	0.1~1
灰岩	1000~100 000	半咸水	1~10
白云岩	1000~100 000	淡水	10~1000
砾岩	100~10 000	海冰	20~1000
煤	10~1000	冻土	500~100 000
无烟煤	0.001~10	石油	>10^9

注:资料来源于 Glover,2015。

5.1.2 介电常数

介电常数 ε(又称诱电率或电容率)是反映电介质(绝缘材料)在静电场作用下的极化性质(储存电能的性能)(图 5-1)。电磁学中,介电常数定义为电介质内电位移矢量 $\boldsymbol{D}$ 与外电场场强 $\boldsymbol{E}$ 的比值。

$$\varepsilon = \frac{\boldsymbol{D}}{\boldsymbol{E}} \tag{5-10}$$

真空的介电常数用 ε_0 表示,它是一个常数,$\varepsilon_0 = 8.85 \times 10^{-12}$ F/m。其他介质的介电常数 ε_x 通常比 ε_0 大,取 ε_x 与 ε_0 的比值作为介质的相对介电常数 ε_r(表 5-2)。

$$\varepsilon_r = \varepsilon_x / \varepsilon_0 \tag{5-11}$$

表 5-2 常见物质的相对介电常数(在温度 20℃ 下)

介质	相对介电常数	介质	相对介电常数
水	81.5	花岗石	8.3
玻璃	4.1	食盐	7.5
石蜡	2.0	云母	7~9
冰	3~4	大理石	6.2
煤油	2~4	碳	6~8
空气	1.00	纸	2.5

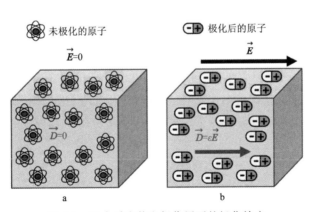

图 5-1 电介质在静电场作用下的极化效应

电介质的极化性质,也就是对电荷的束缚能力,介电常数越大,对电荷的束缚能力越强。电容器两极板之间填充的介质对电容有很大影响,介质不同,介电常数不同,电容器电容 C 也不同。

$$C = \varepsilon \frac{S}{d} \tag{5-12}$$

式中:S 为电容器极板面积,m^2;d 为两极板之间的距离,m。

相对介电常数 ε_r 的测量：两块极板之间为空气时测得电容器的电容 C_0，然后用同样的电容极板，但在极板间加入电介质测得电容 C_x，该电介质的相对介电常数 ε_r 为

$$\varepsilon_r = C_x/C_0 \tag{5-13}$$

通常，相对介电常数大于 3.6 的物质为极性物质；相对介电常数介于 2.8～3.6 之间的物质为弱极性物质；相对介电常数小于 2.8 的物质为非极性物质（表 5-2）。

5.1.3 极化率

在人工电场作用下，具有不同电化学性质的岩石，由于电化学作用将产生随时间变化的二次电场（充电现象）（图 5-2）。岩石这种产生充电（储电）现象的物理化学作用称为激发极化效应（induced polarization effect），一般包括电子导体的激发极化效应和离子导体的激发极化效应。激发极化效应的强弱常用极化率 η（chargeability 或 polarizability）来描述。

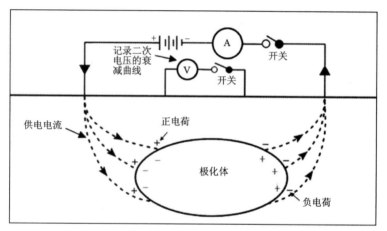

图 5-2 地下极化体的激发极化效应及其产生的电荷堆积

给岩石供一恒稳电压 U_1，经过一段时间 t_1 后，岩石电位差达到 U_3（图 5-3）。然后断开电源，电位差迅速下降到一个值 U_2（这个值为二次电位的大小），二次场开始放电，电位差从 U_2 开始慢慢下降至 0。这里二次场电位 U_2 和放电前的总电位 U_3 的比值就是岩石的极化率 η（即 $\eta=U_2/U_3$）。电子导电矿物的激发极化强度较大，极化率在 10% 以上。

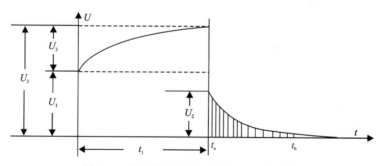

图 5-3 岩石充电和放电过程中的电压变化

5 电测井

另外一个描述激发极化效应强弱的参数是积分极化率 M(integrated chargeability,也叫充电率),计算公式为

$$M = \frac{1}{U_3} \int_{t_a}^{t_b} U(t) \mathrm{d}t \qquad (5\text{-}14)$$

式中:t_a 和 t_b 是停止供电后,放电曲线的起止时间,ms。积分极化率描述的也是二次场的相对大小。

5.1.4 介质电性参数的频散

对于理想介电材料,德国化学家 Debye 给出了一个驰豫模型(德拜模型)。

$$\varepsilon^*(\omega) = \varepsilon' - j\varepsilon'' = \varepsilon_\infty + \frac{\varepsilon_s - \varepsilon_\infty}{1 + j\omega\tau} \qquad (5\text{-}15)$$

式中:ε' 是介电常数的实部,F/m;ε'' 是介电常数的虚部,F/m;ε_s 是静态介电常数,F/m;ε_∞ 是极高频率的介电常数,F/m;ω 是角频率,rad/s;τ 是时间常数,s;$j=\sqrt{-1}$。

为了更好地描述介质的介电频散特性,Cole 又给出了一个经验模型——Cole-Cole 模型,由于该模型更加灵活,能够很好地拟合介质的介电频散曲线,所以得到很广泛的应用。复介电常数的 Cole-Cole 模型表达式为

$$\varepsilon^*(\omega) = \varepsilon' - j\varepsilon'' = \varepsilon_\infty + \frac{\varepsilon_s - \varepsilon_\infty}{1 + (j\omega\tau)^{1-\alpha}} \qquad (5\text{-}16)$$

式中:α 叫作伸展系数,其他参数和德拜模型中的定义相同。但是该模型所用参数的物理意义尚不明确。

20 世纪 70 年代有地球物理学家提出了岩石复电阻率的 Cole-Cole 模型。

$$\rho^*(\omega) = \rho' + j\rho'' = \rho_0 \left[1 - m\left(1 - \frac{1}{1 + (j\omega\tau)^c}\right) \right] \qquad (5\text{-}17)$$

式中:ρ_0 是直流电下的电阻率,$\Omega \cdot m$;τ 是平均弛豫时间,s;c 是形态因子,无单位;m 是极化率,无单位。相应地,可以推导出复电导率的 Cole-Cole 模型。

$$\sigma^*(\omega) = 1/\rho^*(\omega) \qquad (5\text{-}18)$$

$$\sigma^*(\omega) = \sigma' + j\sigma'' = \sigma_0 \left[1 + m\left(\frac{(j\omega\tau)^c}{1 + (j\omega\tau)^c(1-m)}\right) \right] \qquad (5\text{-}19)$$

式中:σ' 是电导率的实部;σ'' 是电导率的虚部;σ_0 是直流电下的电导率,S/m;τ 是平均弛豫时间,s;c 是形态因子;m 是极化率。

5.1.5 阿尔奇公式

阿尔奇公式(Archie equation)是美国壳牌公司的石油测井工程师阿尔奇(Archie)在 1942 年发表的关于砂岩电阻率与含水饱和度关系的经验公式。它对测井定量解释具有里程碑式的意义,极大地推动了测井解释方法的发展。

阿尔奇首先通过一系列纯砂岩的电阻率测量实验,发现了一个很有价值的参数——地层因素 F。他发现当岩石含 100% 饱和某种流体时,孔隙流体的电阻率为 ρ_f,岩石的电阻率为

ρ_t、ρ_f 的变化会引起 ρ_t 的变化,但它们的比值却保持不变,该比值被称为地层因素 F。

$$F = \frac{\rho_t}{\rho_f} \tag{5-20}$$

实验表明:地层因素 F 与孔隙流体的电阻率无关,只与样本的岩性、孔隙度、孔隙结构、胶结程度等地质因素有关,所以地层因素与孔隙度之间有如下经验关系。

$$F = \frac{\rho_t}{\rho_f} = \frac{a}{\phi^m} \tag{5-21}$$

式中:m 为胶结指数;a 为经验系数;ϕ 为孔隙度。

地层水电阻率通常用 ρ_w 表示,当岩石 100% 饱含地层水时,岩石的电阻率通常用 ρ_0 表示,上面的公式变为

$$F = \frac{\rho_0}{\rho_w} = \frac{a}{\phi^m} \tag{5-22}$$

阿尔奇又建立了岩石电阻率 ρ_t 和含水饱和度 S_w 之间的关系,即电阻率增大系数 I。

$$I = \frac{\rho_t}{\rho_0} = \frac{b}{S_w^n} \tag{5-23}$$

式中:ρ_t 为岩石的电阻率,$\Omega \cdot m$;ρ_0 为岩石 100% 饱含地层水时的电阻率,$\Omega \cdot m$;n 为饱和度指数;b 为经验系数。式(5-22)称为阿尔奇第一方程,式(5-23)称为阿尔奇第二方程。

把式(5-22)代入式(5-23),消掉 ρ_0,得到含水饱和度 S_w 的计算公式:

$$S_w^n = \frac{ab\rho_w}{\phi^m \rho_t} \tag{5-24}$$

公式中的参数 a、b、m、n 需要通过岩电实验测量数据进行拟合。在没有岩电测试资料的情况下,一般取经验值($a=1, b=1, n=2, m=2$),得到计算 S_w 的简化方程:

$$S_w = \sqrt{\frac{\rho_w}{\phi^2 \rho_t}} \tag{5-25}$$

5.2 自然电位测井

在生产实践中人们发现,将电阻率测量回路中的一个电极接在地表,另一个电极放入裸眼井中向下(上)移动,在没有人工供电的情况下,也能测量到有电位值发生变化(图 5-4)。这个电位变化是自然产生的,所以称为自然电位(spontaneous/self potential, SP),它是一个很微弱的信号,一般只有几十毫伏。

自然电位(SP)测井是在没有人工场源影响的情况下,即自然条件下测量钻孔中不同深度地层相对于接地点的电位,得到一条随深度变化的电位曲线,故称为自然电位曲线。

5.2.1 自然电位的成因

理论研究表明,井中的自然电位主要包括扩散电位、扩散吸附电位、过滤电位和氧化还原电位等。钻井泥浆滤液和地层水的矿化度(或矿物质浓度)一般是不相同的,两种不同矿化度的溶液在井壁附近接触发生电化学作用,结果产生扩散电位和扩散吸附电位;当泥浆柱与地

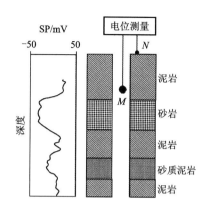

图 5-4 自然电位测井示意图

层孔隙流体之间存在压力差时,流体在地层孔隙中移动发生过滤作用,从而产生过滤电位;当地层中含有金属矿物、煤时,可能会产生氧化还原电位。

但在大多数井中,自然电位主要是扩散电位和扩散吸附电位,过滤电位和氧化还原电位的作用较小。

1. 扩散电位

首先利用一个电化学实验对扩散电位的概念进行解释,实验装置如图 5-5a 所示。用一个渗透性隔膜(砂岩薄板)将一个玻璃容器分隔成左、右两部分,分别往玻璃容器两边注入浓度不同的 NaCl 溶液(浓度分别为 C_t 和 C_m,且 $C_t > C_m$),然后在两种溶液中各插入一个电极 M 和 N,用一根导线将这两个电极和一个电压表串联起来,可以观察到电压表指针将会发生微小的偏转,说明回路中有电流,隔膜两侧存在电位差,这个电位差就是扩散电位。

扩散电位是由溶液的扩散作用产生的。如图 5-5a 所示,当容器两侧溶液存在浓度差,且左侧盐溶液浓度大于右侧,此时左侧溶液中的离子穿过隔膜向右侧扩散;由于 Cl^- 比 Na^+ 的运移速率大,导致在左侧(高浓度)富集正电荷,在右侧(低浓度)富集负电荷;右侧富集的负电荷,反过来会排斥 Cl^- 的迁移,促进 Na^+ 的迁移,最后达到一种动态平衡,使得两边的离子浓度不再变化,隔膜两侧产生一个稳定的电位差。上述现象就是扩散作用产生扩散电位的过程。

2. 扩散吸附电位

类似地,可以利用电化学实验对扩散吸附电位的概念进行解释,实验装置如图 5-5b 所示。用一个泥岩隔膜将一个玻璃容器分隔成左、右两部分,分别往玻璃容器两边注入浓度不同的 NaCl 溶液(浓度分别为 C_t 和 C_m,且 $C_t > C_m$),然后在两种溶液中各插入一个电极 M 和 N,用一根导线将这两个电极和一个电压表串联起来,仍然可以观察到电压表指针将会发生微小的偏转,但偏转的方向与上面一个实验相反,说明回路中仍然有电流,隔膜两侧仍然存在电位差,这个电位差就是扩散吸附电位。

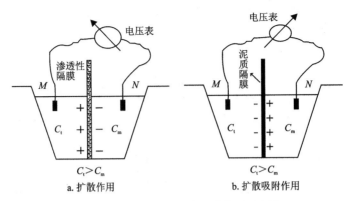

图 5-5 扩散作用与扩散吸附作用示意图

扩散吸附电位是由溶液的扩散作用和黏土矿物的吸附作用共同产生的。如图 5-5b 所示,当容器两侧溶液存在浓度差,且左侧盐溶液浓度大于右侧($C_t>C_m$),此时左侧溶液中的离子要穿过泥质隔膜向右侧扩散;由于黏土矿物具有选择性吸附负离子的能力(阻碍负离子运移),因此 Cl^- 会被黏土矿物颗粒吸附,Na^+ 可以穿过隔膜从左侧扩散到右侧,然后导致右侧 Na^+ 相对过多,右侧过多的 Na^+ 反过来又会排斥 Na^+ 的进一步运移,最后达到动态平衡,隔膜两侧产生一个稳定的电位差,上述现象就是扩散吸附作用产生扩散吸附电位的过程。

3. 过滤电位

溶液通过毛细管时,毛细管壁吸附负离子,使溶液中正离子相对增多。正离子在压力差的作用下,随同溶液向压力低的一端移动,因此在毛细管两端富集不同符号的离子,压力低的一方带正电、压力高的一方带负电,于是产生电位差,如图 5-6 所示。

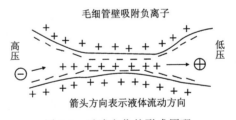

图 5-6 过滤电位的形成原理

在钻井过程中,只有在泥饼形成之前,且泥浆柱与地层孔隙流体之间压力差很大时,才能产生较大的过滤电位。实际中由于在测井时已形成了泥饼,泥饼阻止了流体的流动,所以几乎测量不到过滤电位,可以忽略它对测井的影响。

4. 氧化还原电位

对于一些特殊的岩层,当它与泥浆接触会发生电化学反应,某一物质会因失去电子而呈正极性,另一物质则会因得到电子而显负极性,因此,二者之间便产生电位差,称为氧化还原电位。地下岩石中氧化还原电位大多产生于电子导电的固相矿体中,如煤层和金属矿层,一般岩层上没有氧化还原电位。

5.2.2 钻孔中自然电位的分布

在典型的纯砂岩地层剖面上,地层水的矿化度 C_t 大于泥浆滤液的矿化度 C_m,离子要从砂岩地层中向泥浆中扩散,受扩散作用影响,泥浆中富集氯离子,带负电荷,砂岩地层中富集钠离子,带正电荷(图5-7)。此过程产生的扩散电位 E_d 可以用下式计算。

$$E_d = K_d \lg(C_t/C_m) \tag{5-26}$$

式中:C_t 为地层水矿化度,mg/L;C_m 为泥浆滤液矿化度,mg/L;K_d 为扩散电动势系数。

$$K_d = 2.3 \frac{RT}{F} \frac{U-V}{U+V} \tag{5-27}$$

式中:U、V 分别为正、负离子迁移速度,m²/(V·s);R 为理想气体常数,$R=8.314$ J/(K·mol);F 为法拉第常数,$F=96489$ C/mol;T 为热力学温度,K。

NaCl 溶液在 25℃ 条件下 $K_d=-11.6$ mV,若 $C_t/C_m=10$,扩散电位为:$E_d=K_d \cdot \lg(C_t/C_m)=-11.6$ mV。注意:E_d 取决于 K_d 和 C_t/C_m 两个条件。例如:KCl 溶液由于 K^+ 和 Cl^- 的迁移速度相等($V_{K^+}=V_{Cl^-}$),即使 C_t/C_m 再大,E_d 也为 0;反之,若 $U \neq V$,但 $C_t/C_m=1$,则 E_d 也为 0。

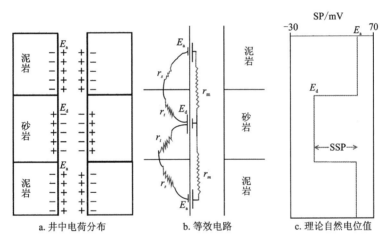

a. 井中电荷分布   b. 等效电路   c. 理论自然电位值

E_a 为泥岩与泥浆接触面上产生的扩散吸附电动势;E_d 为砂岩与泥浆接触面上产生的扩散电动势;
r_s、r_t、r_m 分别为泥岩层、砂岩层、泥浆柱的电阻。

图 5-7 钻孔中的电荷分布和理论自然电位曲线(地层水矿化度大于泥浆滤液矿化度)

在典型的泥岩地层剖面上,地层水的矿化度 C_t 大于泥浆滤液的矿化度 C_m,离子要从泥岩地层中向泥浆中扩散,受扩散吸附作用影响,泥浆中富集钠离子,带正电荷,泥岩地层中富集氯离子,带负电荷(图5-7)。此过程产生的扩散吸附电位 E_a 可以用式(5-28)计算。

$$E_a = K_a \lg(C_t/C_m) \tag{5-28}$$

式中:C_t 为地层水矿化度,mg/L;C_m 为泥浆滤液矿化度,mg/L;K_a 为扩散吸附电动势系数。

$$K_a = 2.3 \frac{RT}{F} \frac{U-V}{U+V} = 2.3 \frac{RT}{F} \tag{5-29}$$

式中:R、F、T、U、V 的含义同式(5-27),只是泥岩中 $V=0$。

NaCl 溶液在 25℃条件下 $K_a=59.1\text{mV}$，若 $C_t/C_m=10$，则扩散吸附电位为：$E_a=K_a \cdot \lg(C_t/C_m)=59.1\text{mV}$。

在砂泥岩剖面的钻孔中，淡水泥浆条件下，扩散电位 E_d、扩散吸附电位 E_a、泥浆电阻 r_m、泥岩地层电阻 r_s、砂岩地层电阻 r_t 构成一个导电回路。回路的总电位，即静自然电位 U_{SSP} 为扩散吸附电位 E_a 和扩散电位 E_d 的差值。在图 5-7 的地层模型中，静自然电位 $U_{SSP}=E_a-E_d$，即纯泥岩地层与纯砂岩地层的差。

实际应用中为使用方便，自然电位测井曲线不设绝对零线，而是以巨厚层纯泥岩对应的自然电位值作为参考基线，称为泥岩基线。这样，巨厚的纯砂岩层段相对泥岩基线的自然电位幅度就是静自然电位值 U_{SSP}（图 5-7）。实际上，若泥岩层较薄或泥岩不够纯或砂岩不够纯，此时砂岩层段的自然电位异常幅度略小于 U_{SSP}。

当含有不同矿化度地层水的砂岩层被泥岩层隔开时，就会发生泥岩基线偏移。图 5-8 为一系列砂岩和泥岩层的 SP 曲线，A 为一巨厚层泥岩（其 SP 值可以作为泥岩基线），B、D、F、H 为砂岩层，砂岩层被薄层泥岩（C、E、G）隔开。砂岩 B 的静自然电位 U_{SSP} 为 -42mV。由于砂岩 B 和 D 中地层水的矿化度不同，泥岩 C 的 SP 曲线没有回到泥岩 A 定义的基线。泥岩 E 定义的新基准使 D 砂岩的 SP 偏离为 44mV，F 砂岩的 SP 偏离为 -23mV。所以泥岩基线发生偏移后，如果选择了错误的泥岩基线，可能导致漏判一些砂岩层。

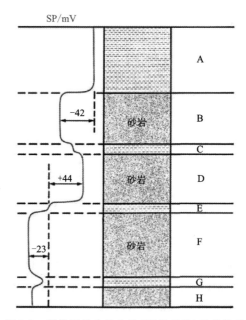

图 5-8 泥岩层的自然电位（泥岩基线）及其偏移

5.2.3 影响自然电位测井的因素

在砂泥岩钻孔中,自然电位曲线的幅度及变化主要取决于岩性、地层温度、地层水和泥浆中所含离子成分,以及泥浆滤液电阻率与地层水电阻率之比。自然电流的分布则取决于电流所穿过介质的电阻率及地层的厚度和井径的大小。这些因素对自然电位幅度及曲线形状均有影响。

1. 地层水和泥浆滤液矿化度差异的影响

地层水和泥浆滤液中矿化度的差异是产生扩散电位 E_d 和扩散吸附电位 E_a 的基本原因。E_d 和 E_a 的大小决定于地层水和泥浆滤液矿化度比值(C_w/C_{mf})。以泥岩层段作基线,当 $C_w > C_{mf}$ 时,砂岩层段则出现自然电位负异常;当 $C_w < C_{mf}$ 时,则砂岩层段出现自然电位正异常;当 $C_w = C_{mf}$ 时,没有自然电位异常出现;C_w 与 C_{mf} 的差别越大,曲线异常程度越大。

2. 温度的影响

同样岩性的岩层,由于埋藏深度不同,其温度是不同的,而扩散电动势系数 K_d 和扩散吸附电动势系数 K_a 都与热力学温度成正比,这就导致埋藏深度不同的相同岩性岩层的自然电位测井曲线上异常幅度有差异。为了研究温度对自然电位的影响程度,需计算地层温度为 $t(℃)$ 时的 K_d 或 K_a 值。为计算方便,先计算出 18℃时的 K_a 值,然后用式(5-30)可计算出任何地层温度 $t(℃)$ 时的 K_a 值。

$$K_a = K_a|_{t=18} \frac{273+t}{291} \tag{5-30}$$

式中:$K_a|_{t=18}$ 为 18℃时的扩散吸附电动势系数;t 为地层温度,℃。

K_d 的温度换算公式与 K_a 的形式完全相同。

3. 地层水和泥浆滤液含盐类型的影响

泥浆滤液和地层水含盐类型不同,则溶液中所含离子类型也不同,不同离子的离子价和迁移速率均有差异,会直接影响 K_d 和 K_a 的值,进而影响扩散电位和扩散吸附电位。表 5-3 为常见盐溶液对应的扩散电动势系数 K_d。

表 5-3 几种盐溶液的扩散电动势系数 K_d 值(18℃)

溶质	NaCl	NaHCO$_3$	CaCl$_2$	MgCl$_2$	Na$_2$SO$_4$	KCl
K_d/mV	−11.6	2.2	−19.7	−22.5	5.0	−0.4

4. 地层电阻率的影响

当地层较厚并且各部分介质的电阻率相差不大时,图 5-7 中的 r_t、r_s 与 r_m 相比小得多,此时纯砂岩到泥岩基线(纯泥岩)的自然电位之差 ΔU_{SP} 近似等于静自然电位($\Delta U_{SP} \approx U_{SSP}$)。当地层电阻率增高时，$r_t$、$r_s$ 与 r_m 相比较，则不能忽略，因此 $\Delta U_{SP} < U_{SSP}$。地层电阻率越高，井内自然电位变化幅度 ΔU_{SP} 越小。根据这个特点可以定性分辨油层和水层。

5. 地层厚度的影响

井内自然电位幅度 ΔU_{SP} 随地层厚度的变薄而降低，而且曲线变得平缓。由于地层厚度变薄后，自然电流经过地层的截面变小，r_t 增加，使得 ΔU_{SP} 与 U_{SSP} 的差别加大。

5.2.4 自然电位测井的应用

自然电位测井是最常用的测井方法之一，在砂泥岩剖面测井评价中有着广泛的应用。

1. 划分渗透性岩层

在钻孔中，将大段泥岩层的自然电位值作为泥岩基线，一般明显偏离泥岩基线的层位都可以认为是渗透性岩层。识别出渗透层后，对于厚层，可用自然电位测井曲线的半幅点来确定渗透层界面，计算出渗透层厚度。半幅点是指从泥岩基线算起 1/2 幅度所在位置。对于岩性均匀、界面清楚、厚度足够大的渗透层，利用半幅点划分岩层界面是可信的。如果储集层厚度较小，自然电位测井曲线异常幅值也比较小，利用半幅点求出的厚度将大于实际厚度，一般要与其他纵向分辨率较高的测井曲线一起来划分地层。

2. 估算泥质含量

砂泥岩地层中，由于泥质含量和自然电位幅度之间存在相关性，自然电位测井常用来估算砂泥岩地层中的泥质含量。一般泥质含量 V_{sh} 和自然电位 SP 之间近似存在线性关系。

$$\text{SP} = a + b \cdot V_{sh} \tag{5-31}$$

式中：a 和 b 为经验系数；SP 为自然电位测井值，mV。

对于纯砂岩地层，$V_{sh}=0$，故纯砂岩地层的自然电位 $\text{SP}_s = a$。对于纯泥岩地层，$V_{sh}=0$，故纯泥岩地层的自然电位 $\text{SP}_n = a+b = \text{SP}_s + b$。所以经验系数 a 和 b 可以用纯砂岩地层的自然电位和纯泥岩地层的自然电位计算得到，泥质含量计算公式为

$$V_{sh} = \frac{\text{SP} - \text{SP}_s}{\text{SP}_n - \text{SP}_s} \tag{5-32}$$

式中：SP_s 为纯砂岩地层的自然电位，mV；SP_n 为纯泥岩地层的自然电位，MV。

一般需要对式（5-32）计算出的泥质含量 V_{sh} 进行非线性校正，得到校正后的泥质含量 V_{sh2}。

$$V_{sh2} = \frac{2^{c \cdot V_{sh}} - 1}{2^c - 1} \tag{5-33}$$

式中：第三系 $c=3.7$；老地层 $c=2.0$。

3. 确定地层水电阻率

在油气储层评价中，地层水电阻率 R_w 是一个非常关键的参数，但又很难直接获取，利用

自然电位测井可以估算地层水电阻率。

选择厚度较大的饱含水的纯砂岩层,读出自然电位幅度差作为静自然电位 U_{SSP},并根据泥浆资料确定泥浆滤液电阻率 ρ_{mf}。对于低浓度的地层水和泥浆滤液来说:

$$U_{SSP} = E_a - E_d = (K_a - K_d)\lg\frac{C_t}{C_m} \tag{5-34}$$

式中:C_t 为地层水的矿化度,mg/L;C_m 为泥浆滤液的矿化度,mg/L;由于溶液矿化度与溶液的等效电阻率成反比关系,可以用溶液的等效电阻率代替矿化度,近似得到

$$U_{SSP} = (K_a - K_d)\lg\frac{\rho_{mfe}}{\rho_{we}} \tag{5-35}$$

式中:ρ_{mfe} 为泥浆滤液等效电阻率,$\Omega \cdot m$;ρ_{we} 为地层水等效电阻率,$\Omega \cdot m$。

利用式(5-35)可以求出地层水等效电阻率 ρ_{we} 的表达式:

$$\rho_{we} = \rho_{mfe} / 10^{-U_{SSP}/(K_a - K_d)} \tag{5-36}$$

利用上式求出地层水等效电阻率 ρ_{we} 后,再根据溶液电阻率与等效电阻率的关系图版可以求出地层水电阻率 ρ_w。

4. 地层对比和沉积微相研究

自然电位测井曲线常常作为井间地层对比和沉积微相识别的依据之一,这是因为它具有以下特点。

(1)自然电位测井曲线对沉积岩地层岩性变化比较敏感,能够体现地层岩性的组合特点,因而可用于井间地层对比(图5-9)。

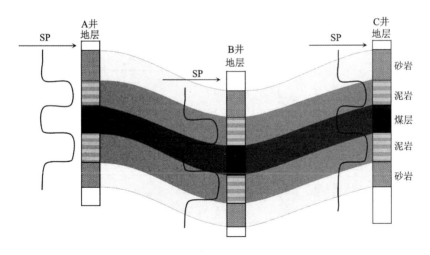

图 5-9 井间地层对比

(2)单层曲线形态能反映粒度分布和沉积能量变化的速率(图5-10)。如柱形表示粒度稳定,砂岩与泥岩突变接触;漏斗形表示地层从下到上粒度由细变粗,是水退的结果,底部为渐变接触,顶部为突变接触;钟形表示粒度由粗到细,是水进的结果,顶部为渐变接触,底部为突变接触;曲线齿化程度是沉积能量变化频繁程度的表示。这些都与特定沉积环境形成的沉积

物相联系,可作为单层划相的标志之一。

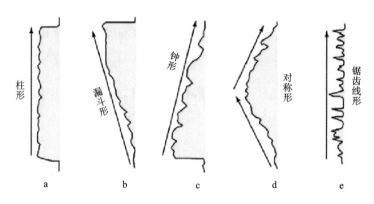

图 5-10 常见自然电位测井曲线形态

(3)多层曲线形态反映一个沉积单位的纵向沉积序列,可作为划分沉积亚相的标志之一(见图 5-11 和图 3-9)。

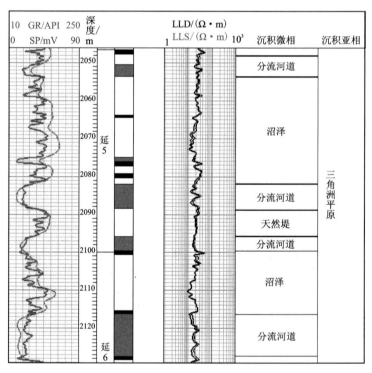

图 5-11 自然电位测井划分沉积微相

(4)自然电位测井曲线能区分砂泥岩,便于计算沉积体总厚度、沉积体内砂岩总厚度、沉积体的砂泥比等参数,绘制砂体厚度等值线图,是研究沉积环境和沉积相的重要资料。例如:沉积体最厚的地方指示盆地中心,泥岩最厚的地方指示沉积中心,砂岩最厚和砂泥比最高的地方指示物源方向,沉积体的平面分布则指示沉积环境。

5. 判断水淹层

在油田开发过程中,常采用注水的方法提高采收率,由于注水驱油的不断推进,如果采油井中的储层见到了注入水,则该层叫水淹层(图 5-12)。

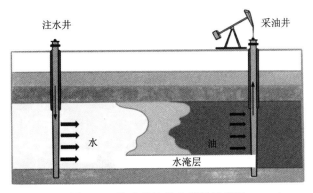

图 5-12 注水采油及水淹层示意图

油层出现水淹层后,由于注入水和原始地层水的矿化度不同,自然电位测井曲线往往发生泥岩基线偏移,出现台阶,如图 5-13 所示。因此,常常根据泥岩基线偏移来判断水淹层,并根据偏移量的大小来估算水淹程度。

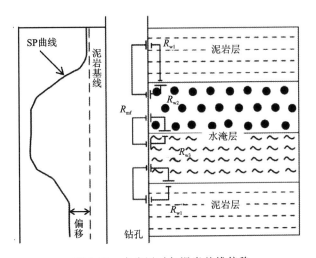

图 5-13 水淹层引起泥岩基线偏移

5.3 普通电阻率测井

普通电阻率测井一般是采用电极系装置,包括供电电极、测量电极等。沿井眼测量岩层电阻率的一种测井方法,其测量结果是视电阻率。普通电阻率测井诞生于 1927 年,是最早出现的测井方法,也是最简单的一类电阻率测井方法,目前仍然在使用。

5.3.1 点电流源产生的电势

如图 5-14 所示，假定整个地下区域的岩石是均匀无限介质（电阻率为 ρ），当该均匀无限介质中存在一个点电流源（已知电流强度为 I）时，其电流线呈球形发散，则球面上 A 点处的电流密度 J 为

$$J = \frac{I}{4\pi r^2} \tag{5-37}$$

式中：r 为球半径，m。

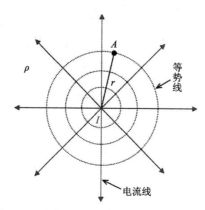

图 5-14　均匀无限介质中点电流源的电流线

根据微分形式的欧姆定律：

$$\rho = \frac{E}{J} \tag{5-38}$$

可以得到 A 点处的电场强度 E。

$$\boldsymbol{E} = \rho J = \frac{\rho I}{4\pi r^2} \tag{5-39}$$

在似稳电场中，有

$$\boldsymbol{E} = -\frac{\mathrm{d}U}{\mathrm{d}r} \tag{5-40}$$

即

$$\frac{\mathrm{d}U}{\mathrm{d}r} = -\frac{\rho I}{4\pi r^2} \tag{5-41}$$

对式(5-41)积分，得

$$U = \int_r^\infty \frac{\rho I}{4\pi r^2} \mathrm{d}r = \frac{\rho I}{4\pi r} + c \tag{5-42}$$

式中，c 为积分常数。根据似稳电场的无穷远边界条件可知 $c=0$，所以场内任意点的电位表达式为

$$U = \frac{\rho I}{4\pi r} \tag{5-43}$$

所以，只要知道了电流源的电流强度 I 和介质的电阻率 ρ，就可以求出均匀介质中任一点的电势 U。

5.3.2 普通电阻率测井原理

普通电阻率测井的电极系装置包含一对供电电极 A、B 和一对测量电极 M、N（图 5-15），忽略钻孔的影响，假定地层为均匀介质，接地电极 B 在无穷远处，供电电极 A 为一个点电流源，根据式（5-43），测量电极 M 和 N 处的电势为

$$U_M = \frac{\rho I}{4\pi AM} \tag{5-44}$$

$$U_N = \frac{\rho I}{4\pi AN} \tag{5-45}$$

电极 M 和 N 之间的电势差 ΔU_{MN} 较容易测量，其关系式为

$$\Delta U_{MN} = U_M - U_N = \frac{\rho I}{4\pi AM} - \frac{\rho I}{4\pi AN} = \frac{I\rho}{4\pi} \frac{MN}{AM \cdot AN} \tag{5-46}$$

$$\rho = 4\pi \frac{AM \cdot AN}{MN} \frac{\Delta U_{MN}}{I} = K \frac{\Delta U_{MN}}{I} \tag{5-47}$$

式中：K 是装置系数，当 AM、AN、MN 固定不变时，K 是常数；ρ 与 ΔU_{MN} 和 I 的比值成正比。

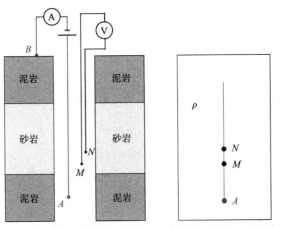

a. 电极系电阻率测井电极布置　　b. 地层简化为均匀无限介质

图 5-15　普通电阻率测井原理示意图

实际上地下岩层为非均匀介质，并且钻孔条件不能忽略，电极周围的介质是极其复杂的不均匀体，所以严格来讲，不能用式（5-47）计算钻孔剖面上岩石的电阻率。但是利用这个公式总还可以得到一个近似电阻率，为了将该电阻率与岩石的真电阻率加以区别，称该电阻率为视电阻率（apparent resistivity），记为 ρ_a。

5.3.3 普通电阻率测井电极装置

普通电阻率测井电极装置有两大类：梯度电极系和电位电极系。电极系中有一条供电回路和一条测量回路，供电回路中包含一对供电电极 A、B，测量回路中包含一对测量电极

M、N。一般井下布置3个电极,地面布置1个电极。处于同一回路的2个电极,如 A、B 电极或 M、N 电极,叫成对电极。在井下除了成对电极之外的另一个电极,叫不成对电极。

1. 梯度电极系

梯度电极系是指成对电极的距离远小于不成对电极到任一成对电极的距离。以 AMN 电极为例,$MN \ll AM$(图5-16a)。

顶部梯度电极系是指成对电极位于不成对电极的上方,例如 MNA 电极系,则 MN 位于 A 的上方(图5-16a)。

底部梯度电极系是指成对电极位于不成对电极的下方,例如 AMN 电极系,则 MN 位于 A 的下方(图5-16d)。

测井记录点在成对电极的中点 O 处。

电极距:成对电极中点 O 到不成对电极之间的距离 L(在图5-16a中,电极距 $L=AO$)。

理想梯度电极系:成对电极之间距离为零的梯度电极系。

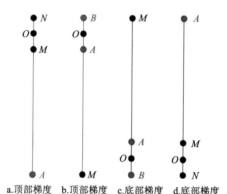

a.顶部梯度　b.顶部梯度　c.底部梯度　d.底部梯度

图5-16　梯度电极系及其分类

1)非理想梯度电极系的计算公式

对于成对电极之间距离不为零的梯度电极系(图5-16a),其视电阻率为

$$\rho_a = 4\pi \frac{AM \cdot AN}{MN} \frac{\Delta U_{MN}}{I} = K \frac{\Delta U_{MN}}{I} \tag{5-48}$$

2)理想梯度电极系的计算公式

对于理想梯度电极系,成对电极之间距离趋近于零(图5-16a),$MN \to 0$,$AM = AN = L$,有

$$E = \lim_{MN \to 0} \frac{\Delta U_{MN}}{MN} \tag{5-49}$$

$$\rho_a = 4\pi \frac{AM \cdot AN}{MN} \frac{\Delta U_{MN}}{I} = 4\pi L^2 \frac{E}{I} \tag{5-50}$$

上式中 L^2 和 I 固定不变时,视电阻率与记录点 O 的电场强度 E(即电位的梯度)成正比,因此称为梯度电极系。

需要注意,在实际测量中 MN 之间的距离不可能为0,但如果 MN 小于0.44倍的 AO

时,这样的梯度电极系与理想的梯度电极系之间的误差小于5%,可近似看作理想梯度电极系。所以,实际工作中一般取 $MN/L=0.2\sim0.4$,这样的装置就可以当作理想梯度电极系。

2. 电位电极系

电位电极系是指成对电极的距离远大于不成对电极到任一成对电极的距离,以 AMN 电极系为例,$MN\gg AM$(图 5-17a)。

正装电位电极系:成对电极位于不成对电极的下方,图 5-17a 中 MN 位于 A 的下方。

倒装电位电极系:成对电极位于不成对电极的上方,图 5-17c 中 NM 位于 A 的上方。

记录点:在不成对电极到中间电极的中点 O 处,如图 5-17a 所示,AMN 电极系,记录点为 AM 的中点。

电极距 L:不成对电极到中间电极的距离,如 AMN 电极系,$L=AM$。

理想电位电极系:成对电极之间的距离为无穷大的电位电极系。

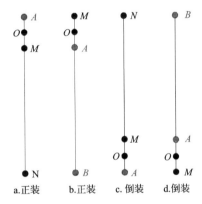

图 5-17 电位电极系及其分类

1)非理想电位电极系的计算公式

对于成对电极间的距离不为无穷大的电位电极系(图 5-17a),其视电阻率为

$$\rho_a = 4\pi \frac{AM \cdot AN}{MN} \frac{\Delta U_{MN}}{I} = K \frac{\Delta U_{MN}}{I} \tag{5-51}$$

2)理想电位电极系的计算公式

对于理想电位电极系(图 5-17a),成对电极之间距离 $MN\to\infty$,则 $AN\to\infty$,可看作 $AN=MN$,N 在无穷远处,$U_N=0$,$\Delta U_{MN}=U_M$,所以视电阻率为

$$\rho_a = 4\pi \frac{AM \cdot AN}{MN} \frac{\Delta U_{MN}}{I} = 4\pi AM \frac{U_M}{I} \tag{5-52}$$

式中,当 AM 和 I 固定不变时,视电阻率与 M 点的电位 U_M 成正比,因此称电位电极系。

需要注意:在实际测量中,MN 之间的距离不可能为无穷大,但如果 $MN/AM\geq19$,这样的电极系与理想电位电极系之间的误差小于5%,就可以近似看作理想电位电极系。

5.3.4 普通电阻率测井的特点

普通电阻率测井电极系的表示规则:通常按电极系从上到下排列的顺序写出各电极的代

表字母,并在字母间写出电极间的距离(以 m 为单位)来表示电极系(表 5-4)。

表 5-4 电极系的书写规则

电极系表示	含义
$N0.1M0.95A$	顶部梯度电极系,电极距 $L=1\mathrm{m}$
$A0.95M0.1N$	底部梯度电极系,电极距 $L=1\mathrm{m}$
$A0.1M0.95N$	电位电极系,电极距 $L=0.1\mathrm{m}$
$A1.0O$	理想底部梯度电极系,电极距 $L=1\mathrm{m}$
$A0.1M$	理想电位电极系,电极距 $L=0.1\mathrm{m}$

常用的普通电阻率测井仪器有电极距 2.5m 和电极距 4m 的底部梯度电极系,电极距 0.4m 的电位电极系。

梯度电极系的探测范围是以供电电极 A 为球心,$1.5L\sim 2L$ 为半径的球体。

电位电极系的探测范围是以供电电极 A 为球心,$3L\sim 5L$ 为半径的球体。

1. 梯度电极系电阻率测井曲线的特点

受仪器长度和电极布置方式的影响,梯度电极系的测井曲线在水平地层的上下边界上形态不对称,如图 5-18 所示。从图 5-18 中可以看出,底部和顶部梯度电极系视电阻率曲线形态正好是相反的。底部梯度视电阻率曲线上的极大值和极小值分别出现在高阻层的底界面和顶界面;而顶部梯度视电阻率曲线上的极大值、极小值分别出现在高阻层的顶界面和底界面。可以利用这些曲线特征点划分高阻层的边界。如果高阻层很厚,在其中部进行视电阻率测量时就不受上下围岩影响,中部的曲线值就是高阻层的电阻率。

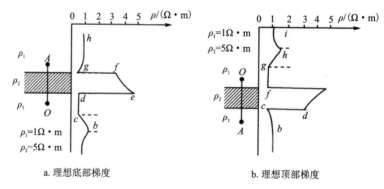

a. 理想底部梯度　　　　b. 理想顶部梯度

图 5-18　梯度电极系测井曲线特征

2. 电位电极系电阻率测井曲线的特点

在厚层、中厚层上,正对高阻岩层的地方,曲线向右凸起,因此可以用电位电极系的视电阻率曲线来判断岩层电阻率的高低(图 5-19a)。

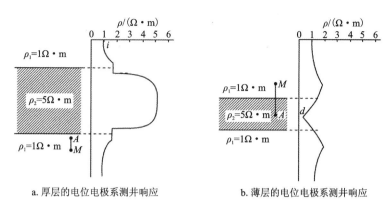

a. 厚层的电位电极系测井响应　　b. 薄层的电位电极系测井响应

图 5-19　理想电位电极系测井曲线特征

在薄层上,正对高阻岩层的地方,曲线向左凹下,因此不能利用电位电极系的视电阻率曲线判断岩层电阻率的高低,所以电位电极系测井曲线解释中要求地层厚度大于电极距 AM。

5.3.5　微电极测井

由于梯度电极系和电位电极系电极距较大,纵向分辨率不高,无法识别薄地层,也不能获取冲洗带电阻率,所以又发明了一种电极距很小、贴壁测量电阻率的特殊电极系,称作微电极测井(图 5-20)。

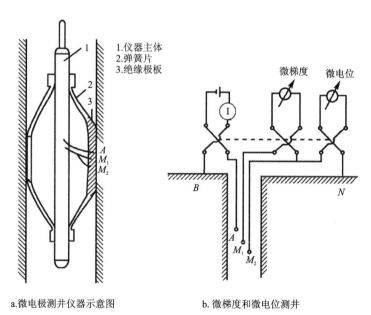

a. 微电极测井仪器示意图　　b. 微梯度和微电位测井

图 5-20　微电极测井

1. 微电极测井原理

如图 5-20 所示,微电极测井的下井仪器装有 3 个弹簧片扶正器,弹簧片之间的夹角为 120°,其中一个弹簧片上装有硬橡胶绝缘极板,极板上嵌有间距很小的 3 个小电极 A、M_1、

M_2,其中 A 为供电电极,M_1 和 M_2 为测量电极。弹簧片扶正器使电极系紧贴井壁进行测量,目的是消除泥浆对测量结果的影响。

3个电极等距直线排列在极板上组成两种微电极系,即微梯度电极系和微电位电极系。常用的微电极系为微梯度电极系 $A0.025M_10.025M_2$(电极距 0.037 5m)和微电位电极系 $A0.05M_2$(电极距 0.05m)。两种微电极系的电极距不同,它们的探测范围也不同。实验证明,微梯度电极系的探测范围为 0.05m,微电位电极系为 0.08m。因此,在渗透层井段,前者所测视电阻率主要反映泥饼电阻率,而后者主要反映冲洗带电阻率。

微电极系测井所测量的结果仍然是视电阻率,它除了受泥饼、侵入带、原地层的影响外,还与极板形状和大小有关,其视电阻率表达式为

$$\rho_{ML} = K \frac{\Delta U}{I} \tag{5-53}$$

式中:ΔU 为电位差,V,微梯度测井中 $\Delta U = \Delta U_{M_1 M_2}$,微电位测井中 $\Delta U = \Delta U_{M_2 N}$($N$ 为对比电极,一般是接地电极);K 为微电极系系数,与电极距、极板的形状和大小有关,一般在微电极系校验池中测量得到,表 5-5 为微电位和微梯度电极系的特点和差异。

表 5-5 微电极系(微梯度和微电位)的特点和差异

内容	微电极系	
	微梯度	微电位
电极系结构	$A0.025M_10.025M_2$	$A0.05M_2$
电极距	$L=0.037\,5\text{cm}$	$L=0.05\text{cm}$
记录点	M_1 与 M_2 的中点	AM_2 的中点
ρ_a 计算公式	$\rho_a = K_1 \frac{\Delta U_{M_1 M_2}}{I}$	$\rho_a = K_2 \frac{U_{M_2}}{I}$
探测范围	5cm 左右	8cm 左右
探测目标	在渗透层处反映泥饼的电阻率;在非渗透层处反映岩层的电阻率	在渗透层处反映冲洗带的电阻率;在非渗透层处反映岩层的电阻率

为了保证微电位和微梯度电极系在相同的接触条件下测量,必须采用微电位和微梯度同时测量的方式进行测井,其原理线路见图 5-20b。这种测量方式不仅避免了接触条件影响,且提高了效率。为保证仪器的纵向分辨能力,测井时电极系提升速度不宜过快。

2. 微电极测井的应用

微电极系测井曲线如图 5-21 所示,其特点主要有:①纵向分辨率高,可以识别薄层(如0.1m 厚的灰岩夹层);②砂岩层段微电位和微梯度电阻率曲线不重合(有幅度差),泥岩层段微电位和微梯度电阻率曲线基本重合(无幅度差或幅度差很小)。

所以微电极测井可以应用于:

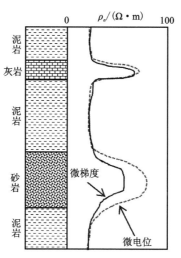

图 5-21 微电极测井曲线示意图

(1) 识别薄层、确定岩层界面。微电位和微梯度电阻率测井曲线对划分砂泥岩互层比较有效,可根据曲线的半幅值分层,一般厚度 0.2m 以上的薄层均可划分出来,条件好时可划分出 0.1m 厚的薄层。

(2) 划分渗透性地层。依据微电位和微梯度电阻率曲线是否有幅度差这一特点,可以将渗透层和非渗透层区分开。一般渗透性地层,由于泥浆侵入作用的影响,会出现泥饼和冲洗带。微梯度主要反映泥饼电阻率,微电位主要反映冲洗带电阻率,所以两条曲线幅度会有差异。非渗透性地层上两条曲线则接近重合。

(3) 确定冲洗带电阻率。对于渗透性地层,利用微电位电阻率曲线可以确定冲洗带电阻率。

5.4 侧向测井

普通电阻率测井受围岩和泥浆的影响很大,特别是在盐水泥浆条件下,供电电极流出的主电流大部分被泥浆分流(图 5-22a),测量的视电阻率曲线难以反映地层的真电阻率。20 世纪 50 年代推出了侧向测井(聚焦电阻率测井),其特点是在供电电极的两侧增加相同极性的屏蔽电极,使主电极的主电流被控制在一个狭窄的范围内,沿径向流入地层,大大减少泥浆和围岩的影响(图 5-22b)。最初的侧向测井为三侧向测井,后来又发展出了七侧向、八侧向、双侧向等侧向测井方法。

5.4.1 三侧向测井

三侧向测井包括两种电极系:深三侧向电极系和浅三侧向电极系。两种电极系的探测范围不同,测量原理相似。

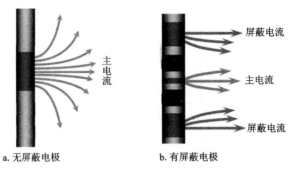

图 5-22 侧向测井的示意图

1. 深三侧向测井

如图 5-23a 所示,深三侧向电极系由 3 个圆柱状电极组成:中间是主电极 A_0,上下对称分布的电极 A_1 和 A_2 是屏蔽电极,电极系的上方较远处设有对比电极 N 和回路电极 B。

测井时,电极 A_0 供以恒定电流 I_0,A_1、A_2 电极供以极性相同的屏蔽电流 I_s,通过自动调节,使得 A_1、A_2 电极与 A_0 电极的电位相等,从而迫使 I_0 电流呈圆盘状径向流入地层,经 B 电极形成回路。电流分布的纵向范围,在电极系处为上、下绝缘片中点之间的距离,电流深入到较远处才开始发散。I_s 对 I_0 的控制作用主要决定于屏蔽电极的长度等因素。

深三侧向测井的深度记录点在主电极 A_0 的中点。测量主电极与对比电极 N 之间的电位差 ΔU,根据下式计算视电阻率 ρ_a。

$$\rho_a = K \frac{\Delta U}{I_0} \tag{5-54}$$

式中:I_0 为主电流,A;K 为深三侧向电极系系数,一般由实验测量得到,也可以根据近似公式计算得到。

图 5-23b 给出深三侧向测井仪的主发射电流和屏蔽电流分布图,主电流进入地层深处,所以深三侧向测井能够反映地层深部原地层的电阻率。

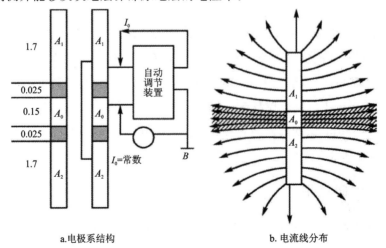

a.电极系结构　　　　　　　　b.电流线分布

图 5-23 深三侧向电极系示意图

2. 浅三侧向测井

为了探测侵入带电阻率,要使主供电电流 I_0 主要分布在井壁附近的介质中,为此缩短 A_1、A_2 电极的长度,以便减弱屏蔽电流 I_s 对 I_0 的控制作用,同时将回路电极 B_1 和 B_2 对称地放置在 A_1 和 A_2 电极的外侧,并且距离较近。这样主电极发出的电流 I_0 沿径向流入地层不远处,随即发散流到回路电极 B_1、B_2 形成回路,其电场分布特点见图 5-24b。

浅三侧向测井的视电阻率主要反映井壁附近岩层电阻率的变化,在渗透层段主要反映侵入带的电阻率 ρ_i。

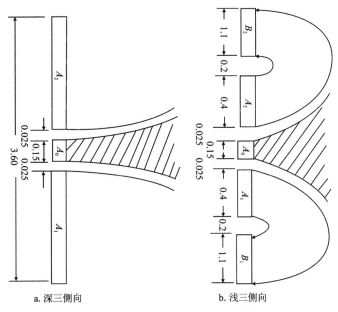

图 5-24 深、浅三侧向电极系及主电流分布示意图

5.4.2 七侧向测井

七侧向测井的测量原理与三侧向测井相似,只是电极系结构有些不同,七侧向的屏蔽电流对主电流的控制作用比三侧向的强,探测范围和纵向分辨率比三侧向有所改善。七侧向也分为深七侧向和浅七侧向(图 5-25)。

深七侧向测井的电极系由 7 个金属圆柱电极组成,其中 A_0 为主电极,A_1、A_2 为屏蔽电极(聚焦电极),M_1、M_1'、M_2、M_2' 为监督电极。M_1 和 M_2 连接在一起,M_1' 和 M_2' 连接在一起,A_1 和 A_2 连接在一起(图 5-25a)。

测量时,主电极供以恒定的电流 I_0,A_1、A_2 的电流极性与主电极电流极性相同。同时,自动调节装置通过屏蔽电流 I_s 的调节,使监督电极 M_1 和 M_1' 之间及 M_2 和 M_2' 之间的电位差等于零。由于 M_1 和 M_1' 及 M_2 和 M_2' 的电位相等,则主电极电流 I_0 不能经过 M_1、M_2 电极沿井轴方向通过,屏蔽电极 A_1 和 A_2 的电流也不能经过 M_1'、M_2' 电极沿井轴方向通过,使得主电极电流

I_0 呈层状并垂直井轴流入岩层。通过下式便可计算出视电阻率。

$$\rho_\mathrm{a} = K \frac{U_0}{I_0} \tag{5-55}$$

式中：U_0 为主电极表面电势，V；K 是七侧向测井的电极系数，它由电极间的距离确定。

$$K = 4\pi \frac{\overline{A_0M_1}\,\overline{A_0M_1'}(\overline{A_0M_1}+\overline{A_0M_1'})}{\overline{A_0A_2}^2 + \overline{A_0M_1}\,\overline{A_0M_1'}} \tag{5-56}$$

另外，K 值也可以通过实验的方法测定。

对于上述的深七侧向电极系，它的回路电极 B_1 和 B_2 在无穷远处。如果将回路电极 B 极分别安置在靠近 A_1 和 A_2 的地方，A_1 和 A_2 的屏蔽电流会很快地返回回路电极 B_1 和 B_2。因此主电极流出的电流进入地层后也会很快地发散，使电极系的探测范围减小，这种电极系称为浅七侧向电极系（图 5-25b）。

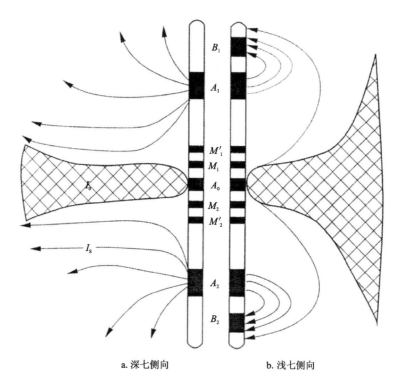

a. 深七侧向　　　　b. 浅七侧向

图 5-25　深、浅七侧向电极系及电流线分布示意图

深七侧向测井探测范围大，反映原地层电阻率；浅七侧向测井探测范围较浅，在渗透性地层主要反映侵入带电阻率。

5.4.3　双侧向测井

由于三侧向和七侧向测井在实际应用中还存在一些不足，于是又发展出了双侧向测井（dual laterolog）。双侧向测井仪采用圆柱状电极和环状电极（共有 9 个电极），包含两种工作模式：深侧向 LLD 和浅侧向 LLS（图 5-26）。测量时，深侧向和浅侧向分别采用 35Hz 和

280Hz 的电流供电,达到互不干扰的目的,电极系结构和电流线分布如图 5-26 所示。

双侧向测井仪包含一个主电极 A_0、两对测量(监督)电极 $M_1 M_1'$ 和 $M_2 M_2'$,一对屏蔽电极 $A_1 A_1'$,一对特殊电极 $A_2 A_2'$ (图 5-26)。测量中,主电极 A_0 发射主电流 I_0,通过调节装置调节屏蔽电流,保持 M_1、M_2(M_1'、M_2')电极间的电位差为零。深侧向测井时,特殊电极 $A_2 A_2'$ 与屏蔽电极 $A_1 A_1'$ 连在一起作为屏蔽电极,通过自动调节装置使主电流呈水平层状流进地层,主电流前行约 1.8m 才分散开,使得探测范围较大。浅侧向测井时,特殊电极 $A_2 A_2'$ 变为回路电极,极性与 A_0 相反,吸收从 A_0、A_1 和 A_1' 流出的电流,主电流前行约 0.75m 就分散开,屏蔽作用不强,探测范围较浅。

深侧向探测范围大约 2.2m(反映原地层电阻率),浅侧向探测范围大约 0.3m(反映侵入带电阻率)。在石油测井中双侧向常与微球形聚焦测井组合使用,得到井眼径向各环带(冲洗带、侵入带、原地层)的电阻率。固体矿产勘探、水文与工程勘查等领域由于需要小尺寸的仪器,通常使用三侧向测井。

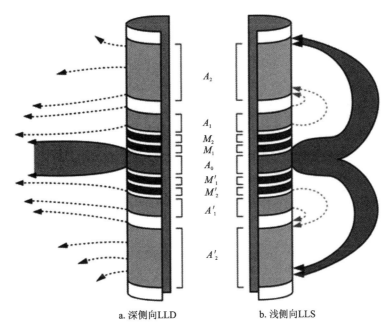

a. 深侧向LLD   b. 浅侧向LLS

图 5-26 双侧向电极结构及电流线分布示意图

5.4.4 微侧向测井

由于渗透层井壁上形成泥饼,且泥饼电阻率比冲洗带、侵入带电阻率小,这样在微电极测井时,泥饼的分流作用很大,使微电极测井曲线不能真实地反映冲洗带电阻率 ρ_{xo}。为此利用聚焦测井原理,加上极板贴壁的测量方式,发展了微侧向测井(micro-lateral log,MLL)。

电极系包括 A_0、M_1、M_2、A_1 四个电极,全部嵌在绝缘极板上(图 5-27)。主电极 A_0 居中呈圆纽扣状,向外依次为测量电极 M_1 和 M_2,最外边是屏蔽电极 A_1,都是圆环状。常用的微侧向电极系为 $A_0 0.016 M_1 0.012 M_2 0.012 A_1$。测井时绝缘极板借助于推靠器贴着井壁测量,$A_0$

发射主电流 I_0,同时 A_1 供出屏蔽电流 I_s,I_0 与 I_s 同极性。主电流受屏蔽电流的屏蔽作用而呈束状径向流入地层,如图 5-27 所示,主电流分布在一个喇叭状空间内,探测范围较浅,约为 0.08m。因此,微侧向测井所测的视电阻率主要反映冲洗带的电阻率。

测井时,将电极系放至井下,A_0 电极供出主电流 I_0,并且在测量过程中始终保持不变。自动调节电路调整屏蔽电流 I_s 的大小直到满足条件 $U_{M_1} = U_{M_2}$ 为止。提升电极系测量时,随电极系的移动,周围介质电阻率改变,I_0 的分布随之改变,导致 $U_{M_1} \neq U_{M_2}$,此时 $\Delta U_{M_1 M_2}$ 传送到自动调节电路,自动调整 I_0 大小直到使测量电极 M_1 和 M_2 的电位重新达到相等为止。在提升电极系时连续记录测量电极 M_1(或 M_2)与较远处对比电极 N 之间的电位差变化。因为 N 电极看作放在无穷远处,所以实际上测量的是电极 M_1 的电位 U_{M_1} 的变化曲线。U_{M_1} 和介质电阻率有正比关系,经刻度后所测曲线即微侧向曲线。其视电阻率表达式为

$$\rho_{\text{MLL}} = K \frac{U_{M_1}}{I_0} \tag{5-57}$$

式中:K 为微侧向电极系系数;U_{M_1} 为测量电极电位,V;I_0 为主电流,A。微侧向测井的主电流 I_0 受屏蔽电流的约束径向地流入地层,在泥饼上的分流减小,使所测的视电阻率 ρ_{MLL} 受低阻泥饼电阻率影响小,因此 ρ_{MLL} 比微电极系所测视电阻率 ρ_{ML} 更接近于冲洗带电阻率 ρ_{xo}。

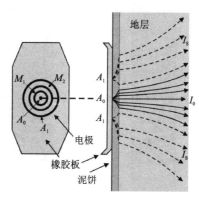

图 5-27 微侧向测井电极结构和电流线分布

5.4.5 微球形聚焦测井

微球形聚焦测井(micro-spherically focused log,MSFL)主要测量冲洗带电阻率,它的探测范围接近于微侧向测井,受泥饼的影响更小。

微球形聚焦测井的电极系全部镶嵌在一块极板(绝缘橡胶板)上,中间矩形片状电极是主电极 A_0,向外依次为矩形测量电极 M_0,辅助电极 A_1,监督电极 M_1、M_2(图 5-28)。回路电极 B 设置在仪器外壳上或极板支撑架上,测井时推靠器使电极系贴靠井壁测量。

测井时,采用恒压法测量(亦可用恒流法测量),把仪器放入井下,在井下环境中,主电极 A_0 发出总电流 I,其中一部分电流和辅助电极 A_1 形成回路,叫辅助电流 I_a,主要分布在泥饼中;另一部分电流经过 B 电极形成回路,叫主电流 I_0,主要分布在冲洗带中。此时自动调整电路调节 I_0 和 I_a 的大小,直到监督电极之间的电位相等,即 $U_{M_1} = U_{M_2}$,同时测量电极 M_0 与两个监督电极 M_1 和 M_2 的中点 O 之间的电位差为一给定值,即 $\Delta U_{M_0 O} = U_{\text{ref}}$(称参

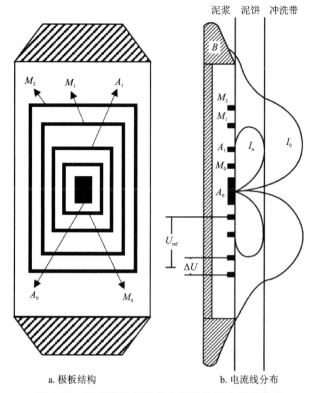

a. 极板结构　　　　b. 电流线分布

图 5-28　微球形聚焦测井电极结构和电流线分布

考电位)为止。由于 $U_{M_1} = U_{M_2}$,辅助电流 I_a 只能在测量井段的泥饼中流动,而没有井轴上的分流。又因为 I_a 与 I_0 同极性,在电场力的作用下,主电流 I_0 受排斥以很细的电流束穿过泥饼分布在冲洗带中。如果冲洗带内各处电阻率 ρ_{xo} 不变,可把它看作均匀介质,主电流的电流线呈辐射状,而等位面呈球面(图 5-28b),微球形聚焦测井由此得名。

随着电极系在井中向上提升,周围介质电阻率改变,随之电场分布改变,因此平衡条件被破坏,即 $\Delta U_{M_0O} \neq U_{\text{ref}}$,则不平衡信号送入辅助电流的自动调整电路,调节 I_a 的大小,调到 ΔU_{M_0O} 等于参考电位 U_{ref} 为止;同时随电场分布改变,另一平衡条件亦被破坏,即 $\Delta U_{M_1M_2} \neq 0$,这个电位差信号送至 I_0 的自动调整线路,调节 I_0 的大小,调到 $U_{M_1} = U_{M_2}$ 为止。测井过程中始终保持 $\Delta U_{M_0O} = U_{\text{ref}}$,这是恒压法测量的基本点。随着环境改变,$I_0$ 和 I_a 随之改变,记录主电流随井深的变化曲线,主电流变化与周围介质电阻率有关。

微球形聚焦测量的视电阻率表达式为

$$\rho_{\text{MSFL}} = K \frac{\Delta U_{M_0O}}{I_0} \tag{5-58}$$

式中:I_0 为主电流,A;K 为微球形聚焦电极系数;ΔU_{M_0O} 为 M_0 与 M_1 和 M_2 之中点 O 之间的电位差,V。ρ_{MSFL} 主要反映冲洗带电阻率 ρ_{xo},受泥饼的影响小。由于探测范围不深,也不受原地层电阻率 ρ_t 的影响。

5.4.6 八侧向测井

另一种常用的冲洗带电阻率测井方法是八侧向测井(LL8),它通常和双感应测井组合起来使用,形成不同径向探测范围的电阻率测井组合,达到评价侵入剖面和油水层的目的。

八侧向测井(LL8)的仪器结构和七侧向测井(LL7)比较相似,只是它的电极距较小,电流层厚度大约0.36m,两个屏蔽电极间的距离略小于1m(图5-29)。回路电极 B 距离主电极 A_0 比较近,这样电流线在侧向上穿透不远,其探测范围为30~40cm,测量值反映冲洗带电阻率 ρ_{xo}。八侧向测井纵向分层能力强,可以给出纵向变化的细节,划分薄层。

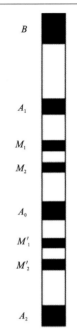

图 5-29 八侧向测井电极系结构

5.5 感应测井

前面介绍的各种电极系装置和侧向测井方法,都属于直流电测量,供电电极发射电流并在钻孔周围地层中形成电场,测量地层中电场分布,得到地层电阻率。这就要求井内有导电的泥浆提供电流通道。但是,钻井过程中有时采用油基泥浆,甚至采用空气钻井,在这些情况下,井内没有导电介质,就不能使用直流电测井方法。为了解决这个问题,Doll 在 1949 年提出了感应测井(induction logging)。

感应测井是根据电磁感应原理研究地层导电性的一种测井方法,它直接得到的是地层电导率。由于电导率与电阻率互为倒数关系,因此,感应测井也被认为是电阻率测井方法之一。目前常用的感应测井包括双感应测井、阵列感应测井和三分量感应测井等。

5.5.1 感应测井基本原理

感应测井仪器的核心部件是线圈系,由发射线圈和接收线圈组成。最简单的双线圈系感应测井仪器由一个发射线圈 T 和一个接收线圈 R 组成(图5-30)。利用交流电的互感原理,在发射线圈 T 中通一定频率(大约20kHz)的交流电,在接收线圈 R 中便会产生感应电动势和感应电流。由于发射线圈和接收线圈都在井内,发射线圈中的交变电流必然在井周围地层中产生一次磁场 B_1,一次磁场 B_1 的变化在环绕钻孔的地层中产生一次感应电流 I_1(涡流),这个电流在与发射线圈同轴的环形地层回路中流动,并产生一个二次磁场 B_2,这个磁场 B_2 的变化在接收线圈中又会产生感应电动势(二次电流),该电动势与涡流 I_1 的强度有关,而涡流的强度与地层电导率有关,所以接收线圈中产生的感应电动势就能够反映地层电导率。

发射线圈 T 和接收线圈 R 之间的距离叫线圈距,记作 L(通常 $L=1$m)。测量点在发射线圈和接收线圈的中点。测井时,交流信号源通过发射线圈 T 向周围发射频率为 20kHz 的

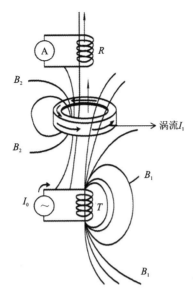

图 5-30 感应测井仪器工作原理示意图

交流电,接收线圈中除了有二次磁场 B_2 产生的感应电动势 U_2(有用信号),还有一次磁场 B_1 产生的直耦感应电动势 U_1(无用信号),通常 U_1 是 U_2 的几十倍甚至上千倍,所以这种双线圈感应测井的测量效果不好,于是发展了复合线圈系感应测井。

5.5.2 复合线圈系感应测井

最早得到广泛使用的复合线圈系是 0.8m 六线圈系,它由 3 个发射线圈(T_0、T_1、T_2)和 3 个接收线圈(R_0、R_1、R_2)组成复合线圈系,增加了一对聚焦线圈和一对补偿线圈,分别用来改善仪器的纵向分层能力和径向探测范围,相对于双线圈系来说,纵向分层能力较强,且探测范围也更深,其仪器结构见图 5-31。

在图 5-31 中,线圈系旁边的数字为线圈的匝

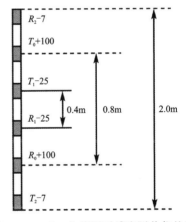

图 5-31 0.8m 六线圈系感应测井仪的结构

数,正负号代表线圈缠绕的方向,例如:正号表示顺时针缠绕,负号表示逆时针缠绕。线圈系中,T_0R_0 是主线圈对,T_0 是主发射线圈,R_0 是主接收线圈,两个线圈之间的距离为 0.8m,叫主线圈距,记作 L_{00}。在主线圈对的内侧设置了补偿线圈对 T_1R_1,T_1、R_1 分别叫补偿发射线圈、补偿接收线圈,其功能主要是径向聚焦发射,减小钻孔的影响。在主线圈对的外侧装有聚焦线圈对 T_2R_2,其功能在于减小围岩的影响,提高线圈系的纵向分辨能力。理论计算表明,0.8m 六线圈系的信噪比是双线圈系的 16.9 倍。

常用的感应测井复合线圈系有两种:深感应 ILD 和中感应 ILM,二者的探测范围不同。

深感应测井的线圈系为　　　R_2 0.6　T_0 0.2　T_1 0.4　R_1 0.2　R_0 0.6　T_2
　　　　　　　　　　　　　　-7　　　+100　　-25　　　-25　　　+100　　-7

中感应测井的线圈系为　　　R_2 0.96　T_0 0.4　T_1 0.2　R_1 0.4　R_0 0.96　T_2
　　　　　　　　　　　　　　-53　　　+100　　-3　　　-3　　　+100　　-53

深感应线圈系和中感应线圈系组合成双感应测井，双感应测井再与八侧向测井构成不同探测范围的电阻率测量组合(图 5-32)。在非渗透性地层(泥岩)上 3 条电阻率曲线接近重合，说明无泥浆侵入作用；在渗透性地层(砂岩)上 3 条电阻率曲线不重合，ILD＞ILM＞LL8，说明地层受到泥浆侵入的影响，靠近钻孔的浅部范围地层电阻率(ρ_{xo})大于深部范围地层电阻率(ρ_t)，形成低侵剖面。

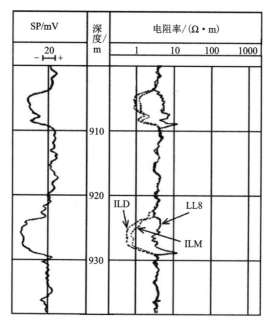

图 5-32　双感应测井和八侧向测井的电阻率曲线

一般认为，深感应探测范围较深，反映的是原地层电阻率，因此把深感应电阻率近似当作原地层电阻率，中感应电阻率反映侵入带电阻率，八侧向反映冲洗带电阻率。双感应测井多应用于电阻率值相对较低的地层。

5.5.3　阵列感应测井

双感应测井只能提供两种探测范围的电阻率曲线，不能非常精细地描述侵入剖面的特征。为了获得更精细的电阻率剖面，提高径向分辨率，一种更加先进的感应测井技术——阵列感应测井(array induction logging)应运而生。

阵列感应测井仪器由一个发射线圈和多组接收线圈构成，与双感应测井仪采用的线圈聚焦不同，阵列感应采用的是多组三线圈系(一发两收)进行测量，这种线圈系没有硬件聚焦性能,其纵向响应曲线呈不对称形状,因此阵列感应测井一般采用"软件聚焦",即用数字方法对原始测量数据进行处理,然后得出3种纵向分辨率和4～6种探测范围的阵列感应测井曲线。常见的阵列感应测井仪器有斯伦贝谢公司的阵列感应成像测井仪AIT™、Atlas公司的高分辨率阵列感应测井仪HDIL™、哈利伯顿公司的高分辨率阵列感应测井仪HRAI™和中国石油集团测井有限公司的阵列感应测井仪MIT。

以中国石油集团测井有限公司的阵列感应测井仪MIT为例,MIT测井仪的线圈系由1组发射线圈、8组接收线圈组成(图5-33),仪器总长度为5m。该仪器基于电磁感应原理,采用三线圈系测量方式(一个发射和两个接收组成一个基本测量单元)。发射线圈发射3种频率的信号,8组接收线圈接收来自地层的二次感应信号,得到24条实部和24条虚部电导率曲线,再利用软件通过自适应环境校正和软件聚焦合成处理,得到3种纵向分辨率、5种径向探测范围的电阻率曲线(图5-34)。再运用反演技术得到侵入剖面,直观地反映地层冲洗带电阻率、侵入半径、过渡带半径、原地层电阻率等。

图5-33 中油测井MIT阵列感应测井仪线圈分布(T为发射线圈,R_1～R_8为接收线圈)

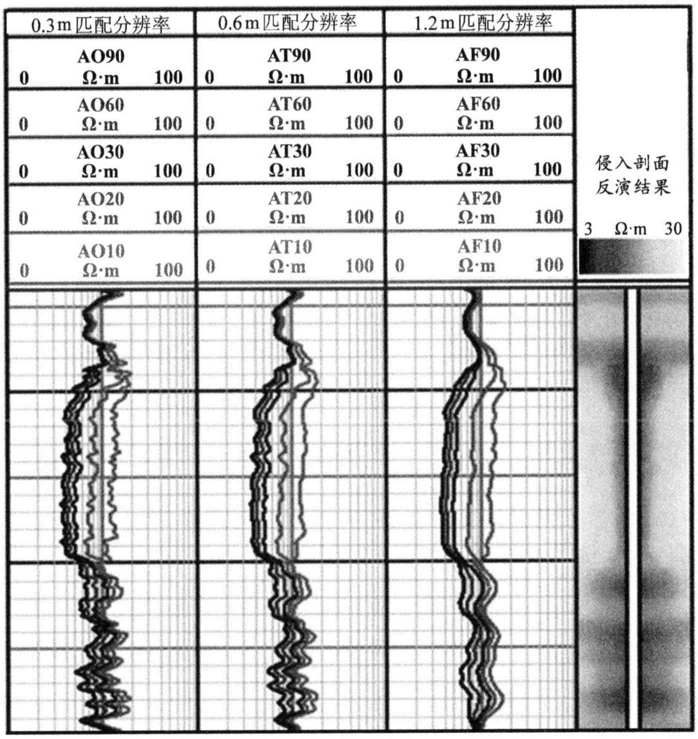

图5-34 MIT阵列感应测井曲线及侵入剖面反演结果

利用阵列感应测井提供的丰富信息,可以划分薄层,求取原地层电阻率、冲洗带电阻率和泥浆侵入深度,并得到过渡带的内外半径,对径向侵入特征进行定量描述,判断油水层。

5.5.4 三分量感应测井

据估计,全球大约有30%的油气存在于薄互层砂泥岩中,薄互层油气藏也称为各向异性油气藏。与一般的高阻油气层不同,砂泥岩薄互层和裂缝性油气层往往表现为:水平方向电阻率为低值,垂直方向电阻率为高值。由于传统感应测井仪器测量的电阻率只有水平分量,因此仅根据水平方向电阻率识别油气层就可能出现漏判。

为了掌握地层电阻率的各向异性情况,帮助地质工程师更好地评价油气储层,国内外都推出了新一代的感应测井仪器——三分量感应测井仪(tri-axial induction sonde)。三分量感应测井仪分别在 $x、y、z$ 三个互相垂直的方向上布置一组发射线圈和一组接收线圈(图5-35)。通过对接收线圈测得的3个互相垂直的磁场分量进行处理,不仅可得到地层的水平方向电阻率和垂直方向电阻率,还能得到各向异性地层的含水(油)饱和度,以及地层倾角和仪器方位角等信息。三分量感应测井仪既可用于竖直井,又可用于斜井和水平井,其探测性能不会因钻孔倾角的变化而下降。

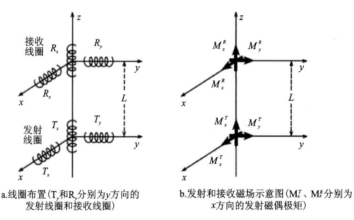

a.线圈布置(T_y和R_y分别为y方向的发射线圈和接收线圈)

b.发射和接收磁场示意图(M_x^T、M_x^R分别为x方向的发射磁偶极矩)

图5-35 三分量感应测井仪测量原理图

地层电阻率各向异性系数 λ 可以用水平方向电导率 σ_h 和垂直方向电导率 σ_v 来计算。

$$\lambda = \sqrt{\sigma_h / \sigma_v} \tag{5-59}$$

图5-36展示了一个砂泥岩薄互层模型的测井响应(纯砂岩电阻率 ρ_{sand} 大于纯泥岩电阻率 ρ_{shale})。深感应测井值介于 ρ_{shale} 和 ρ_{sand} 之间,因为深感应测井相当于砂岩和泥岩并联传导电流信号。水平方向电阻率 ρ_h 接近于深感应测井值,而垂直方向电阻率 ρ_v 大于深感应测井值,因为垂直方向电阻率测量相当于砂岩和泥岩串联传导电流信号。所以砂泥岩薄互层模型垂直方向电阻率大于水平方向电阻率。

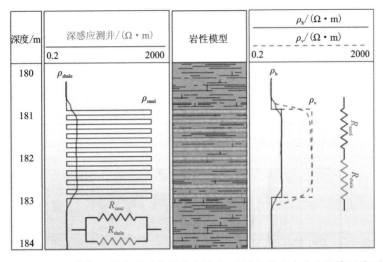

图 5-36 砂泥岩薄互层模型及其深感应测井、水平与垂直方向电阻率示意图

5.6 方位电阻率测井

前面提到的各种电阻率测井方法都不能区分钻孔周围不同方位上电阻率的变化。方位电阻率测井是在双侧向测井的基础上发展起来的,它在双侧向测井仪的 A_2 电极中间不同方位上安装了 12 个矩形电极,相邻两个电极的方位角度差是 $30°$(图 5-37)。与双侧向测井类似,方位电阻率测井也有深、浅两种测量模式,另外还有一个辅助测量模式(主要用于探测井壁环境,进行环境校正)。

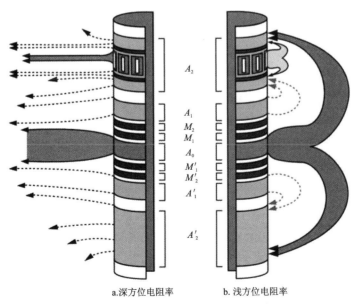

a. 深方位电阻率　　b. 浅方位电阻率

图 5-37 方位电阻率测井仪器结构示意图

深方位电阻率的测量频率为35Hz,浅方位电阻率的测量频率为280Hz。深方位电阻率的探测范围为2~2.5m,纵向分辨率大约0.7m。

12个电极测量到12条电阻率曲线,对应钻孔周围12个不同方位的电阻率(图5-38),利用这些曲线可以对井周围地层进行电阻率成像。方位电阻率图像代表钻孔周围地层电阻率的高低,图像颜色越深表示电阻率越低,图像颜色越浅表示电阻率越高(图5-38)。

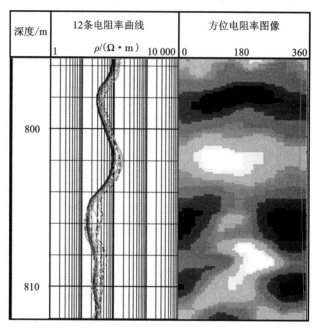

图5-38 方位电阻率测井曲线与方位电阻率图像(图像颜色越深表示电阻率越低)

5.7 介电测井

介电测井(dielectric logging)主要是利用岩石介电常数(ε)的不同来区分岩层的测井方法。石油和多数造岩矿物的相对介电常数都小于10,水的相对介电常数约为81,因此,岩层的总介电常数在很大程度上取决于单位体积岩石中水的含量。

电阻率测井评价地层含油性主要依赖于地层水和石油的电阻率差异,要求地层水具有较高的矿化度。与常规电阻率测井方法相比,介电测井主要是根据岩石介电性质差异识别流体,不要求地层水具有较高矿化度。介电测井可应用在油基泥浆及玻璃钢套管的井中,也可应用于高电阻率水层、低电阻率油层等特殊地层的评价。

介电测井仪通常采用振荡线圈发射高频电磁波,在钻孔周围的岩石中感应出二次涡流。感应电流的传导分量与介质的电导率成正比;感应电流的位移分量与岩石的介电常数成正比。介电测井就是测量二次涡流的位移电流分量。岩石的介电性只有在高频交变电场下才能清楚地表现出来,所以介电测井需要采用高频电磁波信号(频率选择在几十兆赫到一千兆赫),故也称为电磁波传播测井(刘四新等,2015)。

斯伦贝谢公司 20 世纪 70 年代研制出两款单频电磁波传播测井仪(EPT 和 DPT)并应用于生产。EPT 的频率为 1.1GHz,径向探测范围只有几英寸,只能探测井壁附近(主要是冲洗带)的介电常数。深电磁波传播测井仪 DPT 工作频率为 25MHz,在泥浆电阻率和地层电阻率满足一定条件时可测得原地层的电性参数。泥浆和地层电阻率都对 DPT 的测量效果有影响,泥浆和地层电阻率越低,接收到的信号电平越低;地层电阻率越低,介电常数测量结果的分辨率越低。

阿特拉斯公司的双频电磁波测井仪(发射频率 47MHz 和 200MHz)具有不同的径向探测范围,但由于两个测量频率差别太大,频散作用明显,无法组合起来用于解释工作。

斯伦贝谢公司新推出的介电扫描测井仪(dielectric scanner)为一套双发八收天线系统(图 5-39),两个发射器在中间,4 个接收器在上,4 个接收器在下,对称排布在天线极板上,测量中,液压推靠臂张开使极板紧贴井壁滑行。每个交叉偶极子天线都有对应的磁偶极子,仪器包含 4 种发射频率(范围在 20MHz~1GHz),两种极化方向,4 种不同源距的发射-接收模式,能提供不同的径向探测范围(1~4in),纵向分辨率为 1in。

介电扫描测井仪首次提供了宽频范围(20MHz~1GHz)的介电频散原位测量。实验和理论均表明在不同频率下测量到的介电常数和电导率通常会有所不同(图 5-40)。图 5-41 给出了介电扫描测井得到的 4 条介电常数曲线和 4 条电导率曲线,它们分别对应着 4 个不同的测量频率。一般低频条件下测量到的介电常数更大一些。

T_A 和 T_B 为发射天线;R_{A1-4} 和 R_{B1-4} 为接收天线;P_A 和 P_B 为质量控制电极。

图 5-39 介电扫描测井仪(两个箭头分别代表纵向极化和横向极化)

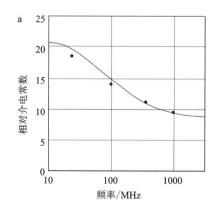
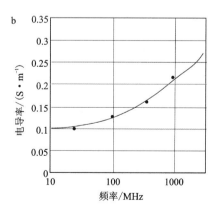

图 5-40 介电扫描测井介电常数频散(a)和电导率频散(b)

目前介电扫描测井的主要用途包括:①估计含烃饱和度;②估计地层水矿化度;③估计碳酸盐岩胶结指数;④估计黏土引起的阳离子交换量。

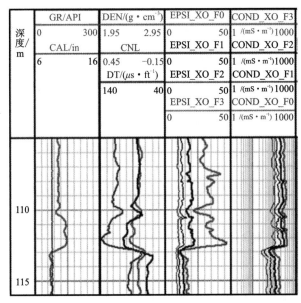

图 5-41 介电扫描测井曲线示例（EPSI 为介电常数，COND 为电导率）

5.8 电测井方法小结

本章介绍了多种测量电阻率（电导率）的测井方法，其工作原理和探测性能都有一定差异，但地质应用方面比较相似，主要是用于确定地层的电阻率、划分地层、识别渗透性地层等。

这些电阻率（电导率）测井方法，每种方法的探测特性有所不同，表 5-6 为常用电阻率测井方法的探测范围和纵向分辨率，探测范围反映了电测井仪器对井筒周围不同半径范围地层的径向电阻率的响应程度，纵向分辨率反映了仪器识别薄层的能力。

表 5-6 常用电阻率测井仪器的探测范围和纵向分辨率

测井方法	探测范围/cm	主要探测区域	纵向分辨率/cm
微梯度	4~5	泥饼-冲洗带	10
微电位	7~9	冲洗带	20
微侧向	8	冲洗带	10
LLD	220	原地层	60
LLS	30~50	侵入带	60
MSFL	10	冲洗带	6~9
ILD	150	原地层	120
ILM	70	侵入带	80
LL8	10	冲洗带	30

对于非渗透性地层，泥浆侵入作用影响不大，一般来说，井筒周围地层不存在径向电阻率差异，其电阻率为原地层电阻率，因此，具有不同探测范围的电测井仪器测量的视电阻率应该相同。

对于渗透性地层(或裂缝性地层),由于存在泥浆侵入的影响,井筒周围地层因孔隙流体的变化形成径向电阻率的差异。因此,具有不同探测范围的电测井仪器,测量的视电阻率应该存在明显的差异,这也是利用深、中、浅探测的电阻率判别渗透性地层的主要应用。

当淡水泥浆侵入高矿化度地层时,侵入作用导致冲洗带和过渡带电阻率升高,形成高侵剖面(图5-42a)。当淡水泥浆侵入含油地层的时候,侵入作用导致冲洗带和过渡带电阻率降低,形成低侵剖面(图5-42b)。

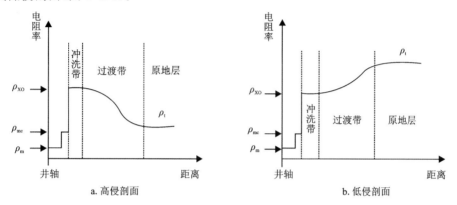

图5-42 高侵剖面与低侵剖面(ρ_{xo}为冲洗带电阻率;ρ_{mc}为泥饼电阻率;ρ_m为泥浆电阻率)

通常,石油测井选择"双侧向+微球"或者"双感应+八侧向"作为深、中、浅探测电阻率测井系列,获取原地层电阻率ρ_t、侵入带电阻率ρ_i和冲洗带电阻率ρ_{xo}(图5-43)。

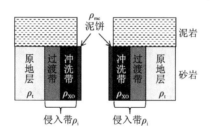

图5-43 渗透性地层泥浆侵入作用及径向电阻率分布

参考阿尔奇公式(5-24),利用冲洗带的电阻率可以计算冲洗带含水饱和度S_{xo}和残余油饱和度S_{or}。

$$S_{xo}^n = \frac{ab\rho_w}{\phi^m \rho_{xo}} \tag{5-60}$$

$$S_{or} = 1 - S_{xo} \tag{5-61}$$

利用原地层的电阻率可以计算原地层含水饱和度S_w。

$$S_w^n = \frac{ab\rho_w}{\phi^m \rho_t} \tag{5-62}$$

再根据冲洗带含水饱和度与原地层含水饱和度之差,可以计算出可动油饱和度S_{mo}。

$$S_{mo} = S_{xo} - S_w \tag{5-63}$$

根据残余油饱和度和可动油饱和度便可以进行可动油分析工作。

6 核磁共振测井

20世纪30年代,美国物理学家伊西多·拉比(1944年诺贝尔物理学奖得主)发现在磁场中的原子核会沿磁场方向呈正向或反向有序平行排列,而施加电磁波之后,原子核的排列方向发生翻转。1946年美国科学家布洛赫和珀塞尔发现,将具有奇数个核子(包括质子和中子)的原子核置于磁场中,再施加特定频率的射频场,就会发生原子核吸收射频场能量的现象,这就是人们最初对核磁共振(nuclear magnetic resonance, NMR)现象的认识。

目前,核磁共振技术被广泛应用于医学、地球科学、化学和食品科学等领域,主要作用是探测介质内部的成分和结构,进而对介质内部进行成像,是一种有效的无损探测手段。

6.1 核磁共振现象

核磁共振是磁矩不为零的原子核,在外磁场作用下自旋能级发生塞曼分裂,共振吸收特定频率电磁波的物理过程。核磁共振波谱学是光谱学的一个分支,其共振频率在射频波段,相应的跃迁是核自旋在核塞曼能级上的跃迁。所以核磁共振的本质是磁场中的原子核对电磁波的一种响应。

质量数或原子序数为奇数的原子核都会不停地做自旋运动,都具有内禀角动量,这时就会产生自旋磁场(肖立志,1998;邓克俊和谢然红,2010),即

$$\mu = \gamma P \tag{6-1}$$

式中:μ 为磁矩,m;P 为自旋角动量,kg·m²/s;γ 为磁旋比(原子核固有的特征值),Hz/T。

当没有外加磁场时,单个核磁矩随机取向,宏观上系统没有磁性显示(图6-1a)。但是当有外加磁场时,核磁矩受力矩的作用就会绕着外加磁场方向进动(类似陀螺的进动)(图6-1b),称之为拉莫尔进动(Larmor precess),进动的角频率 ω_0 由拉莫尔方程确定。

$$\omega_0 = \gamma B_0 \tag{6-2}$$

式中:ω_0 为进动角频率,rad/s;B_0 为外加磁场强度,A/m。

在外加磁场的作用下,核磁矩绕着外加磁场方向进动,核磁矩与外磁场方向比较接近,宏观上会产生一个净磁化矢量 M_0(图6-1c)。此宏观磁化矢量与外加磁场的方向相同,整个系统处于一个平衡状态。

微观磁矩在外磁场中的取向是量子化的(方向量子化),自旋量子数为 I 的原子核在外磁场作用下只可能有 $2I+1$ 个取向,每一个取向都可以用一个自旋磁量子数 m 来表示,m 与 I 之间的关系是

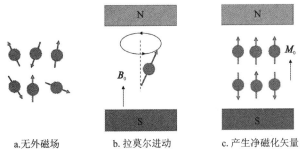

a.无外磁场　　b.拉莫尔进动　　c.产生净磁化矢量

图 6-1　外磁场对核磁矩的作用及磁化矢量 M_0 的产生

$$m = I, I-1, I-2, \cdots, -I \tag{6-3}$$

原子核的每一种取向都代表了核在该磁场中的一种能量状态,I 值为 1/2 的核(如氢原子核)在外磁场作用下只有两种取向,即 $m=1/2$ 和 $m=-1/2$,这两种状态之间的能量差 ΔE 值为

$$\Delta E = \gamma h \boldsymbol{B}_0 / 2\pi \tag{6-4}$$

式中:h 是普朗克常数。

所以原子核要从低能态跃迁到高能态,必须吸收 ΔE 的能量。让处于外磁场中的自旋核接受一定频率的电磁波辐射,当辐射的能量恰好等于自旋核两种不同取向的能量差时,处于低能态的自旋核吸收电磁辐射能跃迁到高能态,这种现象称为核磁共振。用频率为 f_{em} 的电磁波照射自旋体系,电磁波的能量 $E_{em}=hf_{em}$,因此产生核磁共振的条件为 $E_{em}=\Delta E$。

停止电磁辐射作用后,磁化矢量又要重新恢复到外磁场 $\boldsymbol{B}_0$ 的方向,即高能态(非平衡态)的自旋核又回到低能态(平衡态),恢复到低能态的过程称为弛豫。

目前,最常用的是氢质子产生的核磁共振信号,利用该信号可以探测介质中水的含量及其赋存特征。

6.2　核磁共振信号探测

首先施加外磁场 $\boldsymbol{B}_0$,原子核被极化(磁化)(图 6-2a),再利用频率为 f_{em} 的电磁波脉冲将宏观磁化矢量 $\boldsymbol{M}_0$ 相对外磁场 $\boldsymbol{B}_0$ 方向(z 方向)扳转 90°(图 6-2b),射频磁场结束后,原子核继续受静磁场 $\boldsymbol{B}_0$ 的作用并绕之进动。若在与 y 轴垂直的平面(即 xoz 平面)上布置检测线圈,就可以观测到磁化矢量 $\boldsymbol{M}_0$ 在 xoy 平面上的分量 $\boldsymbol{M}_x$,分量 $\boldsymbol{M}_x$ 是随进动衰减的(图 6-2c)。根据 Bloch 给出的旋转坐标对各磁化矢量分量的描述(Dunn et al.,2002),它们与时间 t 之间的关系如下。

$$\boldsymbol{M}_x = \boldsymbol{M}_y = \boldsymbol{M}_0 exp(-t/T_2) \tag{6-5}$$

$$\boldsymbol{M}_z = \boldsymbol{M}_0 [1 - exp(-t/T_1)] \tag{6-6}$$

式中:$\boldsymbol{M}_x$ 和 $\boldsymbol{M}_y$ 为 $\boldsymbol{M}_0$ 在 xoy 平面上的横向分量;$\boldsymbol{M}_z$ 为 $\boldsymbol{M}_0$ 在 z 方向上的纵向分量;整个衰减特性用纵向弛豫时间 T_1 和横向弛豫时间 T_2 描述(图 6-3)。

纵向弛豫时间 T_1:指 90°射频脉冲关闭后,在主磁场的作用下,纵向磁化矢量开始恢复,

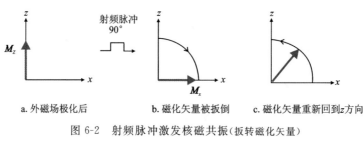

图 6-2　射频脉冲激发核磁共振（扳转磁化矢量）

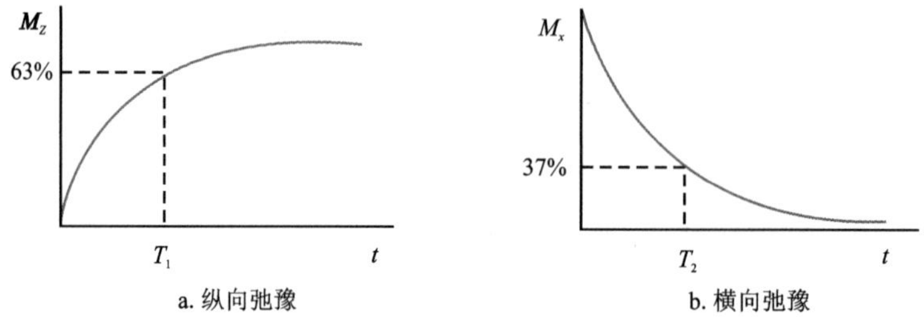

a. 外磁场极化后　　b. 磁化矢量被扳倒　　c. 磁化矢量重新回到z方向

图 6-3　纵向弛豫时间 T_1 与横向弛豫时间 T_2

a. 纵向弛豫　　b. 横向弛豫

直至恢复到平衡状态纵向磁化强度的63%所需的时间，反映介质纵向弛豫的快慢（图6-3a）。

横向弛豫时间 T_2：指90°射频脉冲关闭后，横向最大磁化矢量减少到原来的37%所需的时间，反映介质横向弛豫的快慢（图6-3b）。

实际上，测量到的磁化矢量分量 M_x 还会受到散相作用（众多原子核进动不再同步）的影响产生自由感应衰减（free induction decay，FID）（因水平分量方向不同，互相抵消）（图6-4）。自由感应衰减会使得横向磁化矢量分量 M_x 和 M_y 快速衰减而测不到横向弛豫过程。

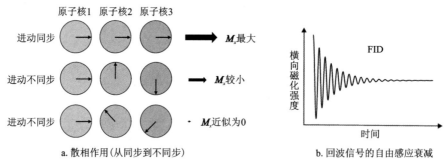

a. 散相作用（从同步到不同步）　　b. 回波信号的自由感应衰减

图 6-4　散相作用及其产生的自由感应衰减（FID）

理论上，自由感应衰减信号进行傅里叶变换后可以得到原子核的拉莫尔进动角频率 ω_0（图6-5），根据拉莫尔进动频率就可以知道介质中原子核的种类。

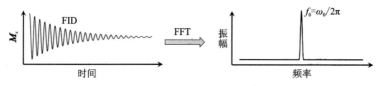

图 6-5　自由感应衰减信号进行快速傅里叶变换（FFT）后得到原子核的进动角频率

为了准确测量横向弛豫过程,提高接收信号的信噪比,实际观测中常常采用 CPMG (Carr-Purcell-Meiboom-Gill)脉冲序列。采集时,先施加一个 90°射频脉冲,经过时间 τ 后,施加一连串 180°射频脉冲(使散相的原子核重新聚相,同步进动),两个 180°射频脉冲之间的时间间隔为 2τ,在每个 180°射频脉冲后面采集一串回波信号,进而得到一系列回波串信号,回波串幅度呈指数衰减,把它们整体称为 CPMG 脉冲序列(图 6-6)。核磁共振测井仪测量到这些回波,并记录下来,得到核磁共振测井的原始数据。

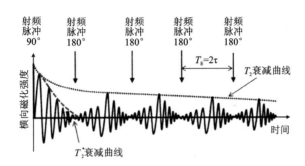

90°射频脉冲使得核磁矩相对外磁场 $\boldsymbol{B}_0$ 方向(z 方向)扳转 90°并做同步进动;T_2^* 衰减主要由核磁矩进动散相(不同步)造成,180°射频脉冲主要作用是让核磁矩进动复相(再次同步),T_2 衰减主要由横向磁化矢量 $\boldsymbol{M}_{xy}$ 减小造成。

图 6-6 CPMG 脉冲序列

6.3 岩石核磁共振弛豫机理

了解饱和流体岩石的核磁共振弛豫机理是地层核磁共振测井评价的基础。基于对核磁共振弛豫机理的理解可以计算岩石的孔隙度、孔隙大小分布、束缚流体体积、可动流体体积、渗透率等岩石物理参数。

岩石的核磁共振弛豫机理有 3 种,分别为颗粒表面弛豫、体积流体进动引起的弛豫和梯度场中分子扩散引起的弛豫。相应地,弛豫时间也由这 3 个部分组成,对于横向弛豫来说:

$$\frac{1}{T_2} = \frac{1}{T_{2S}} + \frac{1}{T_{2B}} + \frac{1}{T_{2D}} \tag{6-7}$$

式中:T_{2S} 为颗粒表面横向弛豫时间,ms;T_{2B} 为体积流体横向弛豫时间,ms;T_{2D} 为扩散横向弛豫时间,ms。其中,颗粒表面横向弛豫时间和体积流体横向弛豫时间统称为孔隙度流体的固有横向弛豫时间($T_{2\text{int}}$)。

6.3.1 表面弛豫

颗粒表面弛豫时间的影响因素主要有颗粒表面弛豫率和孔隙结构。

$$\frac{1}{T_{2S}} = \rho_2 \frac{S}{V} \tag{6-8}$$

式中:ρ_2 为孔隙横向表面弛豫率,m/ms;S/V 为孔隙的比表面积,m^{-1};S 为孔隙的表面积,m^2;V 为孔隙的体积,m^3。

孔隙横向表面弛豫率反映质子的横向弛豫能力，主要由孔隙周围的矿物控制，碎屑岩的表面弛豫率比碳酸岩的大，说明波在碎屑岩中衰减得快，在碳酸岩中衰减得慢。铁磁矿物（如绿泥土和赤铁矿等）有较高的磁敏感性，会大大加速 T_2 的衰减。

孔隙大小在表面弛豫过程中也起着重要作用。弛豫的速率取决于质子同表面碰撞的概率，而这取决于表面面积与体积之比 S/V。在大孔隙中（小 S/V 值），质子碰撞机会较少，弛豫时间较长；相反，小孔隙具有较大的 S/V 值，弛豫时间较短。

6.3.2 扩散弛豫

在梯度磁场中，分子会出现扩散弛豫，并且 T_2 值会随回波间隔 T_E 的变化而变化，即

$$\frac{1}{T_{2D}} = \frac{CD_a(G\gamma T_E)^2}{12} \tag{6-9}$$

式中：G 为磁场梯度值，mT/m；γ 为氢质子的旋磁比，Hz/T；T_E 为回波间隔，ms；D_a 为孔隙流体的视扩散系数；C 为与磁场中受限扩散和自旋回波有关的常数，有时该系数可忽略，对于核磁共振测井，C 为 1.08。

存在磁场梯度时，在地层岩石中会产生分子扩散，导致横向弛豫速率加快，对纵向弛豫速率没有影响（Grunewald et al.，2009；谢然红等，2008；邓克俊和谢然红，2010）。地层岩石中的磁场梯度主要有两个来源：一个是仪器测量时的外加磁场；另一个是岩石骨架颗粒与孔隙流体之间的磁化率差异引起的内部磁场。当施加外部磁场时，颗粒与孔隙流体分界面上产生的磁场梯度大小为

$$G_{in} = \boldsymbol{B}_0 \frac{\Delta\chi}{r} \tag{6-10}$$

式中：G_{in} 为内部磁场梯度，mT/m；$\boldsymbol{B}_0$ 为外加磁场强度，A/m；$\Delta\chi$ 为骨架颗粒与孔隙流体之间的磁化率差异；r 为孔隙半径，m。当 r 很小时，可能内部磁场梯度很大。通常砂岩骨架颗粒呈顺磁性，油、水呈弱逆磁性。

可以看出，在梯度场中，分子的扩散能够加快回波串的衰减速度，使弛豫时间变短，因此核磁共振中引入扩散系数 D 来表征流体分子的弛豫特性。油、气、水都是能够扩散的流体，尤其是天然气，它在 CPMG 观测中均会受到扩散弛豫的影响。

6.3.3 流体弛豫

自由流体为不受空间限制的理想状态流体，其核磁共振特性反映流体本身的弛豫特性，为流体的自由弛豫或体弛豫，主要是邻近核自旋随机运动所产生的局部磁场涨落的结果。水的自由弛豫只与温度有关，且 $T_2 = T_1$；油的自由弛豫与油的成分、黏度及温度有关，对于原油来说，其弛豫时间是多个被展宽的时间分布；天然气仅有自由弛豫，其 T_2 比 T_1 小很多。

当不存在颗粒表面弛豫和内部磁场梯度时，体积流体内会发生弛豫，水的体积弛豫通常可以忽略不计。当存在油气时，因为非润湿相流体不与孔隙表面接触，所以不可能发生表面弛豫。同样，流体黏度增加会缩短流体弛豫时间。因此，尽管 NMR 孔隙度与矿物无关，但 NMR 衰减的轮廓受孔隙中矿物类型、孔隙几何形态及孔隙中的流体黏度和扩散系数的影响。

地层中常见的流体有水、石油、天然气等,表 6-1 给出了它们的纵向弛豫时间 T_1、横向弛豫时间 T_2、含氢指数 HI、黏度 η、扩散系数 D 的分布范围。

表 6-1 岩石中油、气和水的核磁共振特性

流体类型	T_1/ms	T_2/ms	HI	η/(mPa·s)	$D/(10^{-5}\mathrm{cm}^2 \cdot \mathrm{s}^{-1})$
油	3000~4000	300~1000	1	0.2~1000	0.001 5~7.6
甲烷气	4000~5000	30~60	0.2~0.4	0.011~0.014	80~100
水	1~500	1~500	1	0.2~0.8	1.8~7

岩石孔隙中的流体与自由流体的核磁共振弛豫特性有很大差别,当孔隙饱和流体时,孔隙流体核磁共振弛豫比自由状态时的弛豫快很多,这是因为孔隙流体除具有自由弛豫和扩散弛豫特征以外,还具有固液界面引起的表面弛豫特征,加快了弛豫速率。

6.4 核磁共振测井原理

核磁共振测井的物理基础是利用氢原子核(氢质子)的核磁共振特性,对岩石中油、气、水的含量与分布进行探测和成像。氢核具有相对较大的核磁矩,并且岩石孔隙内的水和石油中都富含氢核。通过调节核磁共振测井仪电磁波脉冲的发射频率至氢核的共振频率,可使氢核的弛豫信号最强,并被测量出来。

核磁共振测井仪器的测量原理:①首先利用一个强磁体建立一个开放的磁场对井周围地层进行磁化;②然后采用一个灵敏的天线,发射特定频率的电磁波脉冲,使地层孔隙流体中的氢核产生核磁共振;③脉冲结束后再接收氢核产生的回波串信号,并求取横向弛豫时间 T_2 和 T_2 分布。

所以核磁共振测井的基本过程包括:①磁体对核磁矩进行极化;②天线发射射频脉冲,扳转磁化矢量;③天线采集自旋回波串。其核心技术是采用梯度磁场和选择性射频脉冲进行定位观测。

由于核磁共振测井在钻孔中进行,仪器的设计受井眼空间和高温高压的地层环境限制(仪器直径不能太大,还要密封、隔热等)。另外,开放的磁场和高能的射频脉冲,使得观测的数据处于弱信号强噪声的环境之中。此外,核磁共振测井是在仪器上提或下放过程中进行的,仪器的运动对观测结果也将产生影响。

6.4.1 仪器结构特点

目前的核磁共振测井技术均采用美国 Los Alamos 国家实验室 Jackson 博士提出的"inside-out"技术,即在井眼中(inside)放一组磁铁,在井眼外(outside)的地层中建立一定范围内均匀的强磁场,从而实现对地层中原子核磁矩的极化(图 6-7)。

核磁共振测井仪器的核心部件是永磁体和天线。哈里伯顿公司所研发的 MRIL 系列核磁共振测井仪,测量方式为居中测量,探测范围约 22cm(从井轴算起),天线发射电磁波的频

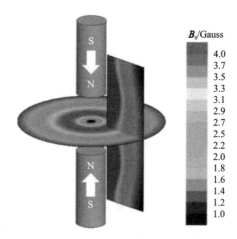

图 6-7 "inside-out"技术的磁体设置与磁场分布示意图

率决定着探测范围,纵向分层能力为 24in,仪器直径约 6in,适用的井眼为 7.5～13in(图 6-8a)。斯伦贝谢公司所研发的 CMR 系列核磁共振测井仪,其最大探测范围约 3.8cm(井壁外 0～1.27cm 为探测盲区),纵向分层能力为 15cm,仪器直径约 5.3in,贴壁测量(图 6-8b)。贝克休斯公司所研发的 MREX 系列核磁共振测井仪,其探测范围和纵向分层能力与 CMR 仪器相似(图 6-8c)。在这 3 种仪器中,MRIL 核磁共振测井仪器为居中测量,CMR 和 MREX 核磁共振测井仪为贴井壁测量(或称极板型仪器)。

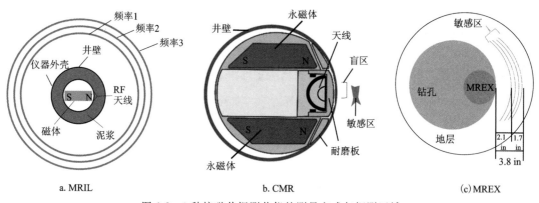

图 6-8 3 种核磁共振测井仪的测量方式与探测区域

6.4.2 测量原理

首先,测井仪器中的永磁体使地层中的氢原子核被极化,产生定向排列(图 6-1c)。极化的结果是产生一个可观测的宏观极化矢量。极化不是瞬间完成的,而是按照指数规律进行的。极化消耗的时间用纵向弛豫时间(T_1)来表示,它与孔隙度的大小、孔隙直径的大小、孔隙中流体的性质等因素有关。对于地层岩石来说,极化曲线往往需要用多个 T_1 描述。图 6-9 展示了宏观磁化矢量 M_z 随极化时间增长的曲线,其中 M_0 是完全极化后的磁场强度。实验分析结果证明,使 M_z 接近 M_0 的 95% 所需要的极化时间(T_W)至少为 $3T_1$,即 $T_W \geqslant 3T_1$。

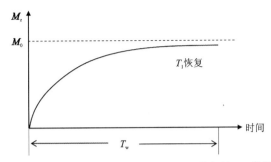

图 6-9 永磁体对介质的极化过程以及极化矢量 M_z 的增长

然后使用一个天线系统,向地层发射特定能量、频率和时间间隔的电磁波脉冲,扳转极化后的磁化矢量,使其产生核磁共振信号,即所谓的自旋回波信号,接收并记录这种回波信号便得到横向弛豫的衰减曲线(图 6-10)。

图 6-10 是观测自旋回波最常用的脉冲时序——CPMG 序列。在 90°脉冲之后发射一连串的 180°脉冲,每一个 180°脉冲后面都可以采集到一个回波信号,从而得到一个自旋回波串。180°脉冲之间的时间间隔用 T_E 来表示($T_E=2\tau$),T_E 是可以设置的,回波之间的时间间隔与 180°之间的间隔相等。

由于采用梯度磁场,天线发射电磁波的频率将决定切片观测的具体位置,即探测范围(图 6-8a);电磁波脉冲的能量决定切片内磁化矢量扳倒的程度,如扳倒 90°或扳倒 180°;时间间隔 T_E 直接影响观测到的回波幅度的大小和采样密度(图 6-10)。

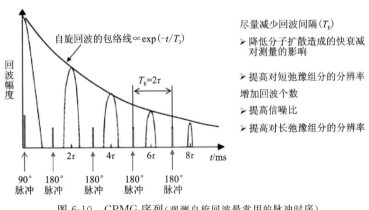

图 6-10 CPMG 序列(观测自旋回波最常用的脉冲时序)

在自旋回波串的观测过程中,有 3 个重要参数,即极化时间 T_W、回波间隔时间 T_E 和回波个数 N_E。这 3 个参数将影响所采集到的回波的幅度和回波串的衰减情况。T_W 越长,对应的回波串的首个回波的幅度越大;T_E 越长,对应次序的回波幅度越低,采样密度越低;N_E 越多,在相同 T_W 和 T_E 条件下采集到的回波串衰减越完全。一次观测可以用 T_W、T_E、N_E 三个参数来完整描述。

核磁共振测井每个观测周期包括两个阶段:①对地层氢核进行磁化,②对回波信号进行采集。这两个阶段周期循环。如图 6-11 所示,在极化时间 T_W 内,磁化矢量按 T_1 的指数规律

增加，即

$$M_z(t) = M_0(1 - e^{-t/T_1}) \tag{6-11}$$

式中：M_0 是完全极化后的磁场强度。

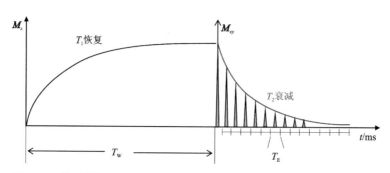

图 6-11 核磁共振测井的两个阶段[1. 极化（T_1 恢复）；2. 回波串采集（T_2 衰减）]

采集到的自旋回波串信号按横向弛豫时间 T_2 的指数规律衰减，即

$$M_{xy}(t) = M_0(T_w) e^{-t/T_2} \tag{6-12}$$

对纵向弛豫时间的测量通常需要采集多组 CPMG 序列，拟合得到 T_1 的恢复时间。

6.4.3 数据采集与处理

MRIL 测井仪井下传感器的磁体通常由一个玻璃钢外壳所包裹，天线置于玻璃钢外套之中。探头的周围是泥浆，再外面是地层（渗透性地层会产生几个分区，如图 6-12 所示）。观测信号来自一个形状规则的空心圆柱壳，圆柱壳的直径和厚度则由天线发射电磁波的频率和脉冲的频带确定。

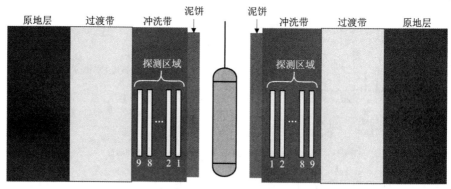

图 6-12 MRIL 核磁共振测井仪探测区域示意图

核磁共振测井仪通过改变发射脉冲的中心频率，进行多个不同直径的切片观测。哈里伯顿 MRIL 测井仪最多采用 9 个频率，进行 9 个不同的圆柱壳状切片的观测（图 6-12）。多频观测可以方便地设计和实现各种不同观测模式，使得测井作业的效率得到很大提高。采用单频观测时有 92% 的时间仪器的采集系统处于空闲状态，测井速度小于 3ft/min；采用双频观测时仪器有 87% 的时间处于空闲状态，测井速度约为 6ft/min；采用多频测量时采集系统的利用效

率得到很大提高,测井速度可以提高到大于 24ft/min。目前,MRIL 具有单 T_W/单 T_E、双 T_W/单 T_E、单 T_W/双 T_E 和双 T_W/双 T_E 四类观测模式(表 6-2)。

表 6-2 MRIL 的观测模式及应用

观测模式	采集的多组回波串	采集参数	应用
单 T_W/单 T_E	A 组	$T_E=1.2\sim0.9$ms $N_E=400/500$, $T_W\geqslant 3T_1$	用于观测泥质束缚水、毛管束缚水、视有效孔隙度和视总孔隙度
	PR06 组	$T_E=0.6$ms, $T_W=20$ms, $N_E=10$, RA=50	
双 T_W/单 T_E	A 组	长 $T_W\geqslant 3T_1$	是一种 T_1 加权观测,除具有单 T_W/单 T_E 模式的应用外,还可以用作轻烃识别
	B 组	短 T_W(其他参数 A 组与 B 组相同)	
	PR06 组	参数同上	
单 T_W/双 T_E	A 组	短 T_E	是一种扩散系数加权观测,除具有单 T_W/单 T_E 模式的应用外,还可用于识别黏度较高的油
	B 组	长 T_E(T_W 相同)	
	PR06 组	参数同上	
双 T_W/双 T_E	A 组	A 组与 B 组组成由短 T_E 采集的双 T_W 模式;且 A 组与 D 组组合可以得到一个双 T_E 观测	既利用了 T_1 加权又利用了扩散系数加权,可以测量泥质束缚水、毛管束缚水、视有效孔隙度和视总孔隙度,也可以对轻烃、高黏度油进行识别和定量分析
	B 组		
	PR06 组	参数同上	
	D 组	D 组与 E 组组成由长 T_E 采集的双 T_W 模式;B 组与 E 组组成另一个双 T_E 观测(通常不使用)	
	E 组		

每一种观测模式都可以得到回波串数据(图 6-13a),回波串的初始幅度值与总孔隙度成正比,回波串的衰减情况与孔隙结构和流体性质有关。回波串数据经过多指数反演可以转换为 T_2 分布(T_2 谱)(图 6-13),所以 T_2 分布也包含了回波串的所有信息。

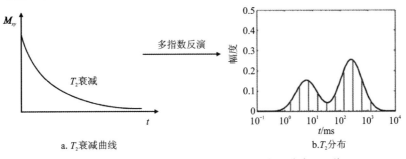

图 6-13 用回波串(T_2 衰减曲线)反演得到 T_2 分布(T_2 谱)

根据核磁共振理论,小孔径孔隙产生的回波信号衰减很快,其 T_2 值小,大孔径孔隙产生的回波信号衰减较慢,其 T_2 值大(图 6-14)。实际测量到的回波信号是所有孔隙回波信号的叠加,所以需要采用多指数反演方法得到各种孔隙在总孔隙中的占比,即 T_2 谱。

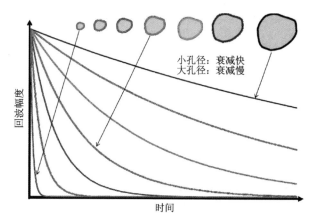

图 6-14　不同孔径产生的回波幅度衰减曲线

图 6-15 为典型沉积岩的 T_2 谱,可以认为 T_2 谱曲线和横轴所包围的面积为总孔隙体积,T_2 值大的区域对应的面积是大孔隙(可动水)占总孔隙体积的比例,T_2 值小的区域对应的面积是微孔隙(束缚水)占总孔隙体积的比例。图 6-15 的例子说明该沉积岩中可动水占据的大孔隙占总孔隙体积的一大半,毛细管束缚水占据的小孔隙占总孔隙体积的一小部分,黏土束缚水占据的微孔隙占总孔隙体积的一小部分。

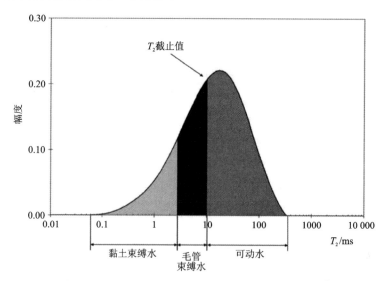

图 6-15　典型沉积岩的 T_2 谱与流体分类(T_2 截止值为可动水的 T_2 值下限)

图 6-16 为某井中砂泥岩地层的核磁共振测井 T_2 分布,图中砂岩地层 T_2 分布更宽,且呈双峰特征,谱峰对应的 T_2 值更大(说明岩石孔隙度大,孔径也大,含自由流体较多,也含有一些束缚流体);而泥岩地层 T_2 分布较窄,呈单峰特征,谱峰对应的 T_2 值较小(说明岩石孔隙度小,孔径也小,基本不含自由流体,含有束缚流体)。

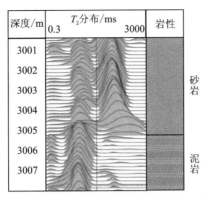

图 6-16 砂泥岩地层中的核磁共振测井 T_2 分布

6.5 核磁共振测井的应用

核磁共振测井资料的主要应用包括计算总孔隙度、渗透率、有效孔隙度、可动流体孔隙度、束缚流体孔隙度等储层参数,以及识别流体类型与评价孔隙结构。

6.5.1 计算孔隙度

核磁共振测井测量的是孔隙流体中氢核产生的信号,不受岩石骨架影响。回波串的初始幅度值与总孔隙度成正比,回波串的衰减情况与孔隙结构和流体性质有关。

核磁共振反演的 T_2 分布经过刻度后反映流体的组分孔隙度分布,根据弛豫组分分布特点能够计算出总孔隙度、有效孔隙度(3ms 核磁孔隙度)、自由流体孔隙度等组分孔隙度(图 6-17)。如图 6-17 所示,岩石的自由流体 T_2 截止值大约为 33ms,毛管束缚水和黏土束缚水的 T_2 截止值大约为 3ms。

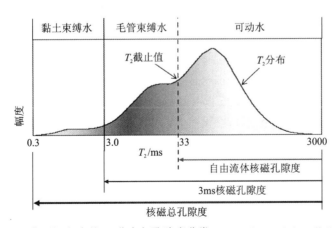

图 6-17 典型沉积岩的 T_2 分布与孔隙度分类(T_2 截止值是可动水 T_2 值的下限)

核磁共振总孔隙度(ϕ_t)指所有 T_2 组分孔隙度之和(即 T_2 分布曲线与横轴包围的总面积),即

$$\phi_t = \int_{0.3}^{3000} f(T_2) dT_2 \qquad (6\text{-}13)$$

自由流体孔隙度 FFI 为自由流体占据的孔隙度,即

$$\text{FFI} = \int_{33}^{3000} f(T_2) dT_2 \qquad (6\text{-}14)$$

束缚流体孔隙度(ϕ_{BW})等于核磁共振总孔隙度减去自由流体孔隙度,即

$$\phi_{BW} = \phi_t - \text{FFI} = \int_{0.3}^{33} f(T_2) dT_2 \qquad (6\text{-}15)$$

毛管束缚水孔隙度 BVI 等于有效孔隙度 ϕ_e 减去自由流体孔隙度,即

$$\text{BVI} = \phi_e - \text{FFI} = \int_{3}^{3000} f(T_2) dT_2 - \text{FFI} = \int_{3}^{33} f(T_2) dT_2 \qquad (6\text{-}16)$$

式中:ϕ_e 为有效孔隙度(3ms 核磁孔隙度)。

6.5.2 估算束缚流体饱和度

根据前面的计算结果,核磁共振测井能够反映不同流体占据的孔隙度,进一步可以计算束缚流体饱和度 S_{BW}。

$$S_{BW} = \phi_{BW} / \phi_t \qquad (6\text{-}17)$$

6.5.3 估算渗透率

根据核磁共振测井计算出的总孔隙度、有效孔隙度、自由流体孔隙度、束缚流体孔隙度可以更好地估计渗透率。常用的经验公式有 SDR 公式、Timur-Coates 公式。

1. SDR 公式

SDR 公式(Schlumberger-Doll-Research)利用 T_2 分布与 V_p/S_p(孔隙体积与表面积的比值)的正相关性,由完全饱水砂岩岩芯实验得到系数项,在砂岩地层中取得了较好的应用效果。SDR 公式如下。

$$K_{SDR} = C \cdot (T_{2GM})^m \cdot \phi_t^n \qquad (6\text{-}18)$$

式中:T_{2GM} 为核磁共振 T_2 分布的几何平均值;ϕ_t 为 NMR 总孔隙度;C 为岩芯刻度系数,m、n 为刻度指数(一般用岩芯刻度给出),在没有岩芯资料的情况下,取隐含值 $C=10$,$m=2$,$n=4$。

2. Timur-Coates 公式

Timur-Coates 公式是 Timur 于 1968 年在统计了大量碎屑岩岩芯实验的基础上提出的,后来由 Coates 和 Dumanoir 在研究了束缚流体饱和度特性的基础上发展为一个广泛应用的公式。该公式考虑了束缚流体饱和度对渗透率的影响,因此在冲洗带含气地层,Timur-Coates 公式计算的渗透率更为适合。Timur-Coates 公式为

$$K_{NMR} = \left(\frac{\phi_e}{C}\right)^a \left(\frac{\text{FFI}}{\text{BVI}}\right)^b \qquad (6\text{-}19)$$

式中：K_{NMR} 为核磁有效渗透率；C 为校正系数（常常取 1）；FFI 为自由流体孔隙度；BVI 为毛管束缚流体孔隙度；a、b 为系数项（a 常取值 4，b 常取值 2）。

当岩石中为大孔洞时，T_2 谱较长，被算作"可动流体"，根据式(6-19)计算的地层渗透率较高，但是当大孔洞孤立或不连通时，它们并不能有效地使流体通过，那些不连通的孔洞实际上也是束缚流体。为此，引进了连通因子 p，对式(6-19)进行了改进，提出了计算渗透率的孔隙连通性模型。

$$K_{NMR} = \left(\frac{\phi_e}{C}\right)^a \left(\frac{p \cdot \text{FFI}}{\text{BVI} + (1-p)\text{FFI}}\right)^b \tag{6-20}$$

式中：p 为连通因子。当 $p=1$ 时，孔隙连通性好；当 $p=0$ 时，孔隙不连通；当 $p>1$ 时，大量裂缝发育。

6.5.4 流体类型识别

1. 差谱法

地层流体（油、气、水）有不同的极化时间或不同的纵向弛豫时间（T_1 时间），天然气、轻质油的 T_1 通常比水的 T_1 长得多，也就是说天然气、轻质油需要的极化时间（等待时间）比水长很多，所以利用双等待时间（双 T_W）观测方式获得的 T_2 分布（谱）进行差谱可以直接识别烃信号特征。

核磁共振双 T_W 测井资料分析称为差谱分析（differential spectrum method，DSM）。差谱分析方法有两种：①将不同等待时间的两个回波串分别反演得到对应的 T_2 分布，然后用长等待时间 T_2 分布减去短等待时间 T_2 分布，得到谱差或差谱（图 6-18）；②首先用包含水和烃信号的长等待时间回波串减去只含水信号的回波串，得到回波串差，这个回波串差信号主要来自烃。然后，用多指数反演技术对回波串差进行反演，得到一个 T_2 分布，即差谱。利用差谱就可以对储层流体性质定性判别。

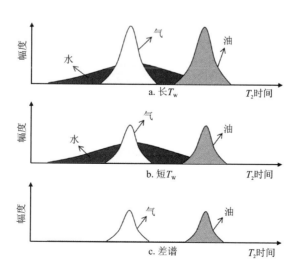

图 6-18 油、气、水的长（a）、短（b）等待时间 T_2 谱及其差谱（c）

差谱分析方法主要用来定性判别地层中是否存在轻烃,其技术原理如图 6-18 所示。长 T_W 测量和短 T_W 测量对水的 T_2 分布没有影响,但是短 T_W 测量导致油和气未能完全极化,信号幅度变小,所以长 T_W 和短 T_W 测量到的 T_2 分布相减,就只剩下油和气产生的信号。

一般情况下,气的 T_2 分布在差谱的中部,反映了气的扩散弛豫特征;轻质油的 T_2 分布在差谱的后部,即 T_2 时间较长的部分(图 6-18c)。

2. 移谱法

由于不同流体扩散系数存在差异,在 CPMG 回波间隔 T_E 一定时,当岩石中饱和不同扩散系数的流体时其 T_2 分布是不同的。当回波间隔 T_E 增大时,其相应的 T_2 分布会不同程度地左移。气的扩散系数最大,饱和气时 T_2 分布左移距离 d_g 最大;水的扩散系数次之,其 T_2 分布前移距离 d_w 较小;对于较黏稠的石油扩散系数最小,其 T_2 分布左移距离 d_o 最小(图 6-19)。

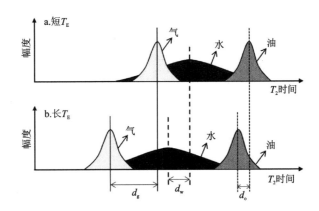

图 6-19　油、气、水的短(a)、长(b)回波间隔 T_2 谱及谱偏移

例如:水的扩散系数是中等黏度油的 100 倍,当 T_E 增大时,扩散过程使得水的 T_2 分布比中等黏度油减小(左移)得多。气的扩散系数最大,当 T_E 增大时,扩散过程使得气层的 T_2 分布比水层和中等黏度油层显著左移。因此,通过选择合适的双 T_E 参数(长回波间隔 T_{EL} 和短回波间隔 T_{ES}),对比 T_{EL} 和 T_{ES} 所对应的 T_2 分布的左移距离,从而达到识别流体的目的。这种改变回波间隔的双 T_E 测量方法被称为"移谱法"(shift spectrum method,SSM)。

7 成像测井

20世纪90年代初,成像测井系统投入商业服务。成像测井系统由地面仪器、绞车、电缆、井下测井仪器、采集软件、解释软件等组成。成像测井系统除了能测量成像测井资料外,也能测量常规测井曲线。表7-1中给出了国外最早推出的3种商业成像测井系统及其配套的成像测井方法。2004年中国石油测井有限公司研发了具有自主知识产权的快速成像测井系统EILOG,并投入商业服务中。

表7-1 早期的3种商业成像测井系统及其搭载的成像测井方法

成像测井系统	斯伦贝谢公司 MAXIS-500	阿特拉斯公司 Eclips-5700	哈里伯顿公司 Excell-2000
电缆速率	500kB/s	230kB/s	217.6kB/s
井下仪器	微电阻率扫描(FMI) 偶极横波声波(DSI) 超声波成象(USI) 阵列感应(AIT) 地震成像仪(CSI) 模块式地层动态测试(MDT) 方位电阻率成象(ARI) 核磁共振测井仪(CMR)	数字阵列声波(DAC) 多极阵列声波(MAC) 井周声波成象(CBIL) 微电阻率扫描成象(STAR) 核磁共振成象(MRIL) 双相量感应(DPIL) 六臂倾角(HDIP) 分区水泥胶结测井(SBT)	微电阻率成象(EMI) 交叉偶极声波(WaveSonic) 六臂倾角(SEDT) 高分辨率感应(HRI) 声波扫描成像(CAST) 自然伽马(NGRT) 选择式地层测试器(SFT)
解释软件	GeoFrame	eXpress	DPP

广义地来说,成像测井包括井壁成像、井周(边)成像和井间成像。其中,井壁成像测井在技术上最成熟,应用也最广泛,本章主要介绍井壁成像测井和井周(边)成像测井方法。目前,井壁成像测井方法主要包括光学成像、超声波成像和地层微电阻率扫描成像。井周成像测井方法主要是三维远场声波成像测井。

井壁成像测井的基本思想:把由岩性、物性、裂缝、孔洞、层理等引起的井壁光波反射、声阻抗或电阻率的变化转化为伪色度,从而以二维井壁图像的形式使人们直观而清晰地看到井壁上的异常特征。

7.1 光学成像测井

光学成像测井仪器一般由环形光源、圆锥反射器、CCD 相机、加速度计、磁通门罗盘和扶正器等组成(图 7-1)。

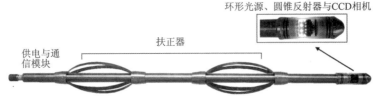

图 7-1 光学钻孔成像测井仪示意图

光学成像测井采用 CCD 数字摄像方式记录井壁岩石地层的反射光波信息,图像分辨率很高,和岩芯照片差不多,在测井解释中有很大优势。图 7-2 为光学成像测井的实测图像,可以直观地看到井壁上的各种特征,如套管、裂缝、砾石、泥岩层等。

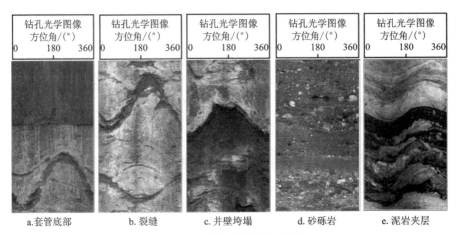

图 7-2 光学成像测井示例

大量实例表明,光学成像测井在岩性识别、层理构造识别、裂缝和溶蚀孔洞评价、套管检查等方面都有很好的应用效果,目前,在浅层工程钻孔探测中应用越来越广泛。

但是光学成像测井要求钻孔中为空气或者清水,才能够获得钻孔的清晰光学图像,对使用透光性较差的钻井泥浆的井孔则无法应用,因此对大多数石油探井并不适用。

7.2 超声波成像测井

7.2.1 测量原理

超声波成像测井采用连续旋转的超声波换能器对井壁进行 360°扫描(图 7-3a),换能器发射超声波脉冲并记录反射波(回波)的振幅和传播时间等信号(图 7-3b);在测井过程中仪器以一定速率缓慢上提,所以仪器在井壁上扫过的测量点轨迹为螺旋上升的螺旋线(图 7-3c);将测量得到的反射波振幅和传播时间等信息进行处理,可以得到整个井壁的反射波幅度图像和传播时间图像(图 7-3d)。

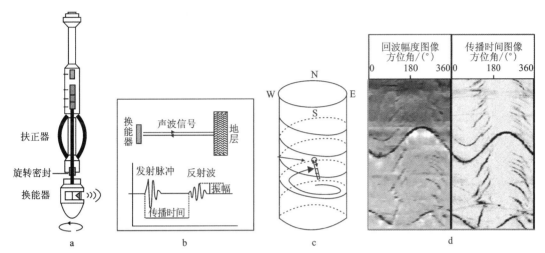

图 7-3　超声波成像测井仪结构及其工作原理示意图(据 Schlumberger,1994)

代表性的超声波成像测井仪有贝克休斯公司的井周成像测井仪 CBIL、哈里伯顿公司的井周声波扫描测井仪 CAST 和斯伦贝谢公司的超声波成像测井仪 USI。CBIL 耐压 138 MPa,耐温 204℃;CAST 耐压 138MPa,耐温 177℃;USI 耐压 138MPa,耐温 177℃,适用井径范围 11~34cm,测井速度大约 549m/h。

测井过程中,一般仪器由井下向上提升,马达驱动换能器在井中做 360°旋转,换能器向井壁发射超声波,并接收来自井壁的反射波信号。压电换能器既是发射器,也是接收器,用频率 1500 次/s 的电脉冲激发换能器,使其发射超声波脉冲,换能器的振动频率为 1.3MHz(即超声波频率为 1.3MHz)。通过测量井壁岩石(或套管)对超声波的反射情况(回波的幅度和传播时间)来获得井壁(或套管壁)的图像。

测井图像色度定义:岩石声阻抗越大,反射波幅度越大,图像的色度越明亮;岩石声阻抗越小,反射波幅度越小,图像的色度越暗(图 7-3d)。

传播时间图像主要与井眼半径大小有关,某一方位井眼半径越大,回波传播时间就越长,图像的色度越暗;反之,某一方位井眼半径越小,回波传播时间就短,图像的色度越亮(图 7-3d)。

超声波成像测井图像的周向分辨率与超声波探头的转速和超声波脉冲发射频次有关(探头转速 6 转/s,发射频次 1500 次/s,每周采样 250 个点)。纵向分辨率与超声波探头的转速和测井速度有关(探头转速 6 转/s,测井速度 500m/h,每 2.3cm 深度测量一个点)。

7.2.2　主要应用

超声波成像测井由于能够获得连续的、高分辨率的井壁图像,在地质构造(裂缝、层理等)的识别和产状提取、岩芯归位、钻孔三维形态与套管检测等方面都有很好的应用。

1. 地质构造(裂缝、层理等)的识别和产状提取

通常天然裂缝在超声波成像测井图像上为一条深色正弦曲线(图 7-4a、b);钻井诱导缝是钻孔形成后地应力作用在井壁上产生的张裂(图 7-4b、c),通常为一对在对称方位出现的竖向裂缝(有时是直线状裂缝,有时是雁行排列状裂缝);井眼崩落(breakout)也是钻孔形成后地应力作用在井壁上产生的,通常在超声波成像测井图像上为一对在对称方位出现的竖向黑条带(图 7-4d)。在竖直井中,井眼崩落方位可以指示最小水平主应力方位,帮助判断水平主应力方向。

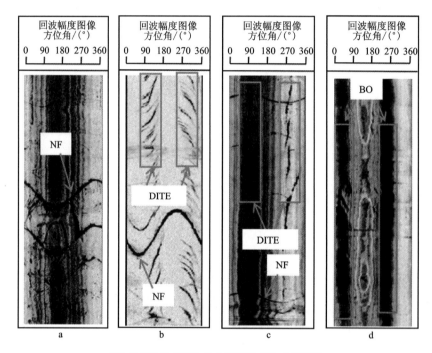

NF. 天然裂缝;DITF. 钻井诱导缝;BO. 井眼崩落。

图 7-4 超声波成像测井图上的裂缝和井壁崩落特征

通常天然裂缝在超声波成像测井图像上的特征为一条正弦曲线(图 7-5),正弦曲线最低点对应的方位就是裂缝面的倾向,裂缝的倾角 α 为

$$\alpha = \arctan \frac{H}{d} \tag{7-1}$$

式中:H 为图像上正弦曲线最高点与最低点的深度差,m;d 为钻孔的直径,m。

2. 岩芯归位

岩芯是认识地球内部岩石结构和物质组成的最直接证据,其价值对于地质研究工作是不言而喻的。但是取芯钻井的成本十分高昂,取芯的过程也会造成岩芯破损,岩芯拿到地表后,其真实深度和方位往往也无法准确知晓。

实践表明,井壁上和岩芯表面上的构造特征是一一对应的,井壁的深度和方位信息是固

7 成像测井

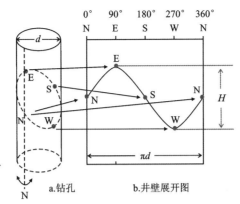

图 7-5 倾斜裂缝切过钻孔在井壁上产生的割痕(a)和井壁展开成平面后，
裂缝割痕形成一条正弦曲线(b)

定不变的,只要找到岩芯上的构造特征在井壁上对应的深度和方位,就能够恢复岩芯在地下的真实深度和方位。所以超声波成像测井图可以用于岩芯归位(图 7-6)。

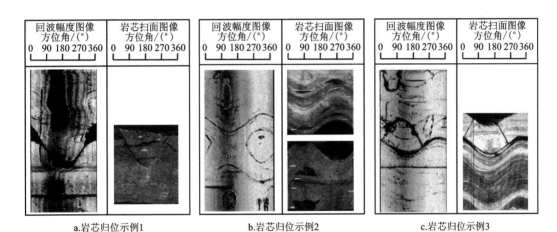

图 7-6 超声波成像测井图协助岩芯归位示例

3. 钻孔三维几何形态构建

超声波成像测井中,反射波传播时间能够精确地反映井壁到井轴的距离(即钻孔半径),可以把反射波传播时间换算成距离,得到钻孔几何形态(图 7-7)。

4. 套管检测

在套管井(cased-hole)中,超声波成像测井可以获得套管内壁图像,常常被用于套管损坏情况的检测。图 7-8a 为套管内壁被腐蚀后在超声波图像上产生的斑块;图 7-8b 为射孔作业后套管内壁上留下的弹孔,可以作为评价射孔效果的依据。

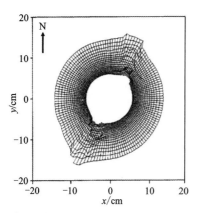
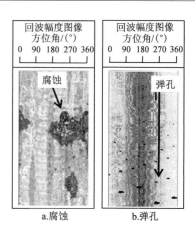

图 7-7　反射波传播时间反映的钻孔几何形态（俯视图）　　图 7-8　套管内壁腐蚀区域的超声波成像图

7.3　微电阻率扫描成像测井

井壁的电阻率扫描成像测井是由高分辨地层倾角仪发展而来的，它利用多个极板上的多排纽扣状小电极向井壁地层发射电流，由于各电极接触的井壁岩石成分、构造、孔隙流体等不同，引起发射电流强度变化，电流强度的变化就反映了井壁岩石电阻率的变化，据此可以得到井壁上各测量点的电阻率，并形成井壁的电阻率图像。

相关的仪器有斯伦贝谢公司的地层微电阻率成像测井仪（formation micro imaging，FMI）、哈里伯顿公司的电成像仪（electrical micro imaging，EMI）和阿特拉斯公司的井壁微电阻率扫描成像测井仪 Star Imager。这些仪器的测量原理基本一样，主要区别在于极板和纽扣电极的排列布局。

7.3.1　测量原理

图 7-9 为斯伦贝谢公司的 FMI，该仪器包含 4 个推靠臂，每个推靠臂上有 2 块极板，共 8 块极板，每个极板上有两排电极，每一排有 12 个纽扣状电极，共计 192 个纽扣状电极。测井时，推靠臂将极板贴在井壁上滑行，纽扣电极直接与岩石接触，每个电极周围都有一圈绝缘材料，极板和纽扣电极为等势体，与电源正极连接（聚焦发射电流），向地层供电，上电极为回路电极，电流经过地层回流到上电极。最后，纽扣电极上的电流强度与其所接触岩石的电阻率成反比，电阻率计算公式为

$$\rho_a = K \frac{U}{I} \tag{7-2}$$

式中：ρ_a 为地层岩石的视电阻率，$\Omega \cdot m$；K 为装置系数；U 为纽扣电极和回路电极之间的电位差，V；I 为纽扣电极上的电流强度，A。

因而测量每个纽扣电极的电流变化，就能反映电极所覆盖井壁地层电阻率的变化。井壁地层电阻率高，纽扣电极接地电阻大，电流强度就小；井壁地层电阻率低，纽扣电极接地电阻小，电流强度就大。

7 成像测井

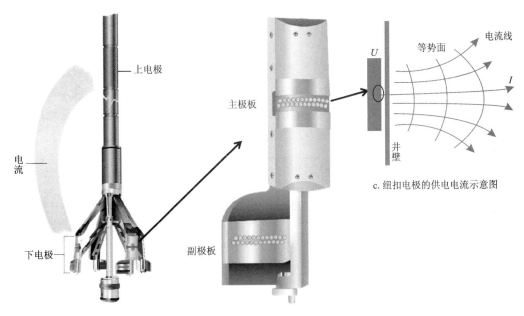

a. 地层微电阻率成像测井FMI结构　　b. 主、副极板与纽扣电极排列　　c. 纽扣电极的供电电流示意图

图 7-9　斯伦贝谢公司的地层微电阻率成像测井仪 FMI

由于回路电极距离供电电极较近,因而纽扣电极电流大小主要反映井壁附近地层(冲洗带)的导电性。记录各纽扣电极上的电流值,就可计算出井壁各点上地层的电阻率值,再把井壁上各点的电阻率值用不同颜色表示,就得到一张彩色的井壁图像(图 7-10)。测井图像的颜色定义为:电阻率值越低的地方,图像颜色越暗(深色);电阻率值越高的地方,图像颜色越亮(浅色)。

由于极板的数量和宽度是有限的,钻孔直径越大,极板对井壁的周向覆盖率就越低,所以微电阻率成像测井图像上面没有纽扣电极覆盖的地方总是存在几条空白数据(图 7-10);对于 FMI 仪器而言,通常 4 个推靠臂之间的空隙大一些,主极板与副极板之间的空隙小一些,所以测井图像上面有 4 个宽白条带和 4 个窄白条带(图 7-10)。

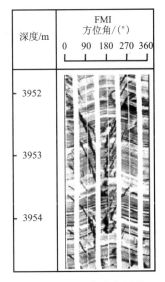

图 7-10　全井眼微电阻率成像测井 FMI 图像

7.3.2　主要应用

微电阻率成像测井的主要用途包括地质构造(裂缝、层理等)的识别和产状计算、岩芯归位、沉积构造识别等。需要注意的是:微电阻率成像测井不适合用于套管井,因为钢套管是良

导体,电流无法穿透套管进入地层。

1. 裂缝识别及其产状提取

通常天然裂缝在电阻率成像测井图像上为一条深色正弦曲线。图 7-11a 中的垂直裂缝在图像上为两条近似垂直的黑色线条;图 7-11b 中的高角度裂缝在图像上为幅度很大的正弦曲线;图 7-11c 中的低角度裂缝在图像上为幅度较小的正弦曲线;图 7-11d 为不规则裂缝的电阻率图像;图 7-11e 为高电阻率裂缝的图像(浅色正弦曲线),一般是充填裂缝。

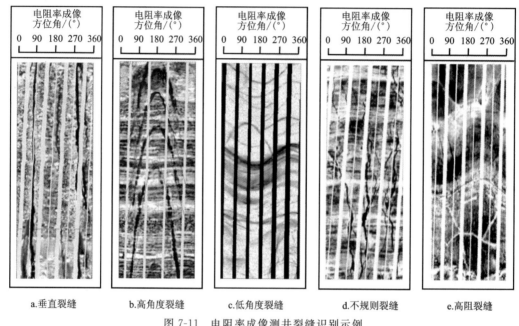

图 7-11 电阻率成像测井裂缝识别示例

电阻率成像测井求裂缝产状的方法和超声波成像测井相同,见本书 7.2 节。除此之外,电阻率成像测井还能帮助求取裂缝密度、裂缝宽度、裂缝长度、裂缝孔隙度等裂缝描述参数。

2. 诱导缝识别及水平主应力方向的判定

电阻率成像测井图像上还经常能看到钻井诱导缝,它们是钻孔形成后地应力作用在井壁上产生的张裂,通常为一对在对称方位出现的竖向裂缝,有时是直线状裂缝(图 7-12a),有时是"八"字形的羽毛状(图 7-12b)裂缝和鱼骨状(图 7-12c、d)裂缝。诱导缝在井壁上的方位通常对应着最大水平主应力的方位,可以用来判定水平主应力的方向。

3. 孔洞构造识别

在火成岩和碳酸盐岩地层中,孔洞构造比较发育,其电阻率比岩石低,所以电阻率成像测井对井壁上的孔洞构造具有很高的分辨能力。图 7-13 所示电阻率图像上分布着的很多黑色的大斑点和小斑点即为井壁上的孔洞构造。

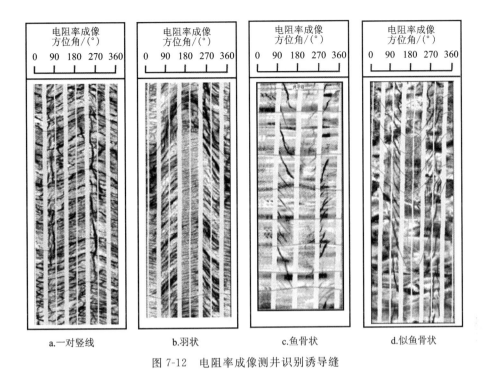

图 7-12　电阻率成像测井识别诱导缝

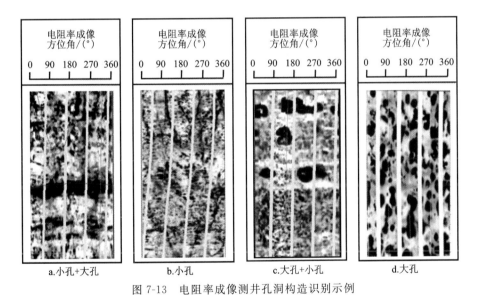

图 7-13　电阻率成像测井孔洞构造识别示例

4. 沉积构造识别

沉积岩在成岩过程中,由于沉积物的成分、结构、颜色的变化,沉积岩各组分在空间上的分布和排列方式具有一定的规律,形成一些特定的构造特征,称之为沉积构造。按其形成的时间,可分为原生沉积构造和次生沉积构造。按其形成的机理,可分为物理成因构造、化学成因构造及生物成因构造。

图 7-14 给出了一些比较常见的沉积构造,如水平层理、块状层理、交错层理、波状层理、波痕构造。图 7-15 给出了一些比较特殊的沉积构造,如砾石、反粒序、包卷构造、褶皱和负载构造。正确识别这些沉积构造,对判断沉积环境、研究古地理环境都有重要作用。

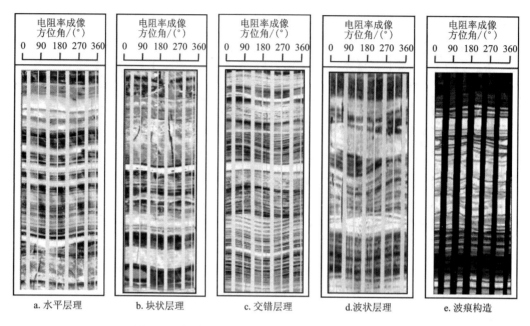

图 7-14　各种层理构造在电阻率成像测井图上的特征

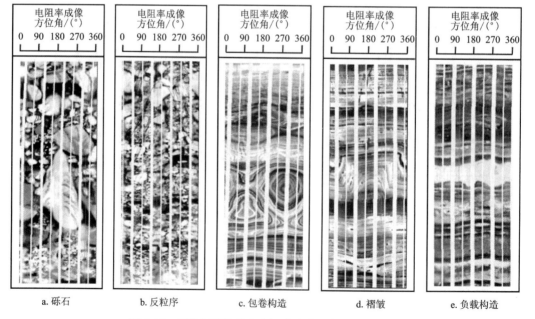

图 7-15　特殊沉积构造在电阻率成像测井图上的特征

7.4 三维远场声波成像测井

传统的声波成像测井主要是提供井壁上裂缝和孔洞的图像。但在现实中,这些目标体都是三维结构的,在井旁边会延伸到较远的地方,需要用三维视角来准确地描绘它们的空间展布形态。所以近年有科研人员提出三维远场声波成像测井技术并使之得到快速发展,该技术能够识别裂缝的真实倾角、方位角和结构特征,并评估井旁近区到井旁远区的裂缝和构造的连通性,从而优化完井和压裂设计。

三维远场声波成像测井的丰富数据集是由先进的声波扫描平台获取的(图7-16)。现在,它也可以采用过钻头偶极子进行过钻头声波测井,使用新的增强遥测技术,可以比传统声波测井速度快3倍。采用单极子和偶极子发射器向地层中发射声波信号,以实现更高的分辨率和更大的探测范围。利用13个接收器和每个接收器上的8个方位传感器探测构造特征产生的反射声信号,具有高精度的方位分辨能力。

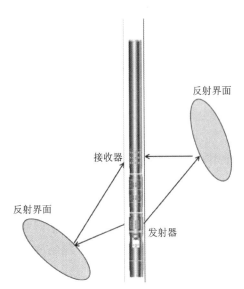

图7-16 三维远场声波成像测井示意图

通过改进工作流程可同时分析104个波列,利用三维相干算法和射线跟踪分析技术,将这些波形数据转换为倾角和方位角信息,这些方法能够使数据处理速度提高10倍,探测范围可达48m或更深。解释的远场构造数据与井眼成像测井数据无缝集成,可以帮助改进钻井和完井设计,用于裂缝评估、地震和构造建模等工作。

三维远场声波成像测井扩展了传统声波成像测井的探测深度,远远超出了传统声波测井的范围,同时还提供了井旁构造的真实倾角和方位角,可以高效、准确地确定张开裂缝的连通性,识别亚地震结构特征和地层界面,从井壁到近场,再到远场对储层进行跟踪。

8 随钻测井

传统的测井方法是在钻井完成后,用电缆将测井仪器下放到井筒中进行测量工作,所以被称为电缆测井(wireline logging)。电缆测井存在一些不足:①测井施工需要占用钻井的时间,影响钻井进度;②大斜度井和水平井中,仪器不能依靠重力下行,需要工具牵引下井;③等钻井完成后再去测井,井壁浸泡在泥浆中时间过长,地层受泥浆侵入作用的影响,测井数据就不够准确了;④当井壁发生坍塌或堵塞时,无法取得测井资料。而随钻测井技术可以解决这些问题,所以很多测井公司都致力于随钻测井技术的研发,并且已经有一大批随钻测井仪器投入测井工作中。特别是对于地质导向和今后的智能钻井,随钻测井技术更加不可或缺。

8.1 MWD 与 LWD

20世纪80年代,斯伦贝谢公司推出了第一支随钻测量工具 M1,该工具仅能提供井斜、方位和工具面测量,不能满足复杂地质条件下的钻井需求。后来定向钻井技术的发展促进了随钻测量工具的快速发展,使其在数据传输、稳定性、耐磨性、抗振性等方面表现得越来越优异。随着大斜度井、水平井、大位移井的增多,随钻测量工具与钻井工具组合为一体,形成类似于电缆测井并能够实时将数据传输到地面的随钻测井技术。

随钻测量(measurement while drilling,MWD),是指在钻井过程中,实时进行钻井工程参数测量,如压力、温度、井斜、方位和工具面等的测量。随钻测量主要服务于井眼轨迹监测和地质导向。

随钻测井(logging while drilling,LWD),是指在钻井过程中,实时测量地层岩石物理参数,并用数据遥测系统将测量结果实时发送到地面进行处理,由于数据传输效率的限制,目前大量的测井数据实时存储在井下仪器的存储器中,起钻收回仪器后再提取仪器存储的数据。随钻测井主要服务于地层评价。

现代的随钻测量和随钻测井都是将测井探头集成在钻铤上,钻铤随着钻头一起旋转前进(图8-1)。随钻测井数据目前主要通过泥浆脉冲实时传送到地面,但传输速率很低,这是一项急需解决的技术难题。

斯伦贝谢公司推出的第一代随钻测井工具包括:①随钻感应电阻率 arcVISION;②随钻侧向电阻率 geoVISION;③随钻方位中子密度 adnVISION;④随钻核磁共振 proVISION;⑤随钻声波 sonicVISION;⑥随钻地震 seismicVISION。

8 随钻测井

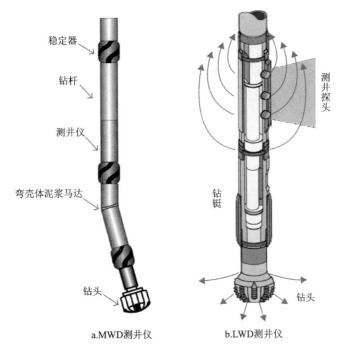

a.MWD测井仪   b.LWD测井仪

图 8-1　随钻测量(MWD)和随钻测井(LWD)仪器示意图

贝克休斯公司推出的随钻测井工具如表 8-1 所示。这些仪器可以根据需要进行组合,解决各种钻井和地质问题。

表 8-1　贝克休斯公司的随钻测井探头及其用途

随钻测井探头	用途
OnTrak 随钻自然伽马和电阻率测井	地层对比、计算含油气饱和度
LithoTrak 随钻中子密度孔隙度测井	岩性识别、气层识别、计算孔隙度,以及井眼崩塌和裂缝识别
StarTrak 随钻高分辨率电阻率成像测井	构造识别,裂缝孔洞评价
SoundTrak 随钻声波测井	孔隙度和渗透率的预测
MagTrak 随钻核磁共振测井	孔隙度、可动流体分析
TesTrak 随钻地层压力测试器	指导钻井
AziTrak 随钻方位电阻率测井	储层识别

图 8-2 为斯伦贝谢公司的 TerraSphere 随钻双物理成像仪器,它包含随钻超声波成像和随钻电磁波成像。两个探头集成在钻铤上,跟随钻头一起前进,钻头钻开地层后立刻就能获得井壁的超声波成像和电磁波成像测井资料(图 8-3),数据噪声小,可信度高。尤其是随钻超声波成像探头,在油基泥浆体系中也能提供高分辨率的超声波图像与井径数据。

如图 8-3 所示,随钻超声波成像和随钻电磁波成像都实现了井壁的 100% 覆盖扫描,图像连续性好,分辨率高,可以反映井壁上的构造特征。随钻超声波成像对井壁表面构造变化非

图 8-2　斯伦贝谢公司随钻超声波成像和随钻电磁波成像探头

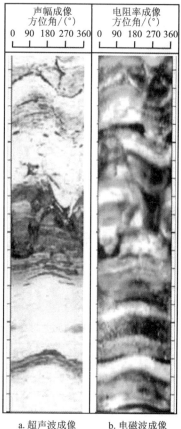

图 8-3　随钻超声波成像（a）和随钻电磁波成像（b）实测资料

常敏感，如裂缝、孔洞、粗糙度、台肩等。在井壁表面光滑且有波阻抗差异的情况下，也可以对细微的岩石结构进行成像。随钻电磁波成像测井具有较大的电阻率动态测量范围，对井壁地层岩性变化比较敏感，能较好地反映地层层理（图 8-3b）。两种图像互为补充，联合起来使用可以获得更丰富的地质信息。

8.2　随钻远探-前视测井

随钻远探-前视测井技术是一种利用电磁波、声波、地震波探测钻孔旁侧或钻头前方数十米或更远范围内地层信息的新型随钻测井技术（图 8-4）。一方面，通过优化井下仪器结构，提高反射信号精度与强度；另一方面，结合其他随钻测井、地面地震等信息，通过建立油藏模型，进行联合反演,计算得到钻孔远处的地层参数。两种方式相结合,可识别数十米范围内的地层、油藏边界,大大提升探测距离。

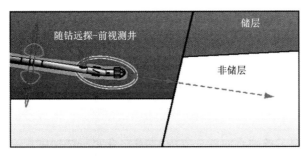

图 8-4 随钻远探-前视测井技术原理示意图

按照探测方向的不同,随钻远探-前视测井技术可分为随钻远探技术和随钻前视技术。随钻远探技术是利用测井仪器探测距井眼较远范围的流体边界、地层边界和其他地层信息,其探测方向一般垂直于井眼方向,主要用于油藏描述与地层评价。随钻前视技术则是利用测井仪器探测钻头前方未钻开地层的地质构造和界面,其探测方向与钻进方向相同,主要用于地质导向。

按照测量方法的不同,随钻远探-前视测井技术可分为随钻电磁波测井、随钻声波测井、随钻地震测井。

2018年哈里伯顿公司推出了EarthStar随钻远探技术,远探距离达到68m,比业内同类产品的探测距离高1倍左右。EarthStar随钻远探技术利用新型多天线方位电磁波随钻测井仪,在近井筒周围区域建立三维电磁场,并根据电磁场的感应测井数据进行反演,进而求得仪器探测范围内的地层电阻率和地层边界。该技术可绘制距离井筒超过68m的油藏和流体边界,实时提供全面、综合的油藏视图。其功能主要包括:①地质预防,通过及时探测目标区,一次性钻入生产层,减少建井时间和开发成本;②地质导向,在钻进过程中,能够有效优化地质导向决策,保持井眼轨迹处于储层的最佳位置,避免钻出油藏进入非生产区,并可减少非生产时间;③随钻油藏描绘,通过绘制地层和油气资源边界来识别漏掉的产层,监测油水界面变化,加强对油藏的了解,提高生产潜力。

2019年斯伦贝谢公司推出了IriSphere随钻前视服务,前探距离可达30m。IriSphere采用多频电磁波发射器和多个接收器,通过在不同方位上发射和接收电磁波信号,获得钻头前方的电阻率剖面。IriSphere将深度定向测量与先进的自动化反演相结合,能准确探测钻头前方的地层特征,帮助管理钻井风险,优化套管布置和取芯位置。IriSphere随钻前视服务可以应用于:①探测储层的顶面和底面,探测钻头前方的地层特征,优化井眼轨迹,提高储层钻遇率;②预测地层压力;③指导钻井、固井、取芯等施工。

9 井中物探

前面几章主要介绍了各种石油测井方法,本章将介绍一些经常用于固体矿产勘探的井中物探方法。这些方法在实际工作中不像石油测井应用那么广泛,所以大部分教科书中都没有专门介绍。笔者认为这些方法在某些领域还是比较重要的,有必要了解这些方法的测量原理和用途,所以本章专门对磁化率测井、磁三分量测井、井中瞬变电磁法和井中激发极化法等井中物探方法进行介绍。

9.1 磁化率测井

磁化率测井探测范围很浅,主要反映井壁岩石磁性强弱,可以用于识别磁性地层,确定磁性地层深度和厚度,提供磁化率参数等。

9.1.1 基本概念

磁化率(κ)表征物质受磁化的难易程度,即产生附加磁场的大小,它定义为磁化强度 M 与磁场强度 H 之比($\kappa = M/H$)。磁化率通常在弱场(低于 1mT)中进行测量。

某一物质的磁化率可以用体积磁化率(κ)或者质量磁化率(χ)表示。在 CGs 单位制中,体积磁化率 κ 为无量纲参数,质量磁化率 χ 为体积磁化率除以密度($\chi = \kappa/\rho$),单位为 m^3/kg。

9.1.2 磁化率测井原理

磁化率测井的基础是电磁感应原理。测井仪器中安装一个带有铁芯或空心的线圈作为灵敏元件,以螺线管为例(图 9-1),当交变电流通过线圈时,线圈产生交变磁场,磁力线经过钻孔周围的岩石形成闭合磁路。周围岩石被螺线管产生的一次磁场所磁化,产生一个附加磁场,附加磁场反过来影响螺线管的磁通量和电感 L。

灵敏元件(螺线管)的阻抗可视为电感和电阻相串联($Z = R + j\omega L$)。当灵敏元件在钻孔中通过不同磁化率的地层时,其电感 L 发生变化。通过测量自感的变化值,分析灵敏元件的阻抗与周围介质的关系,可以对测量结果进行解释并求出周围岩层的磁化率。

设线圈的电感为 L,电流强度值为 I,则线圈储存的磁能为

$$W_m = \frac{1}{2} L I^2 \tag{9-1}$$

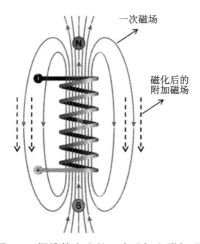

图 9-1 螺线管产生的一次磁场和附加磁场

磁能密度为

$$\omega_{\mathrm{m}} = \frac{1}{8\pi}\mu H^2 \tag{9-2}$$

二者的关系为

$$W_{\mathrm{m}} = \int \omega_{\mathrm{m}} \mathrm{d}V = \frac{1}{8\pi}\int \mu H^2 \mathrm{d}V = \frac{1}{2}LI^2 \tag{9-3}$$

由此得出

$$L = \frac{1}{4\pi I^2}\int \mu H^2 \mathrm{d}V \tag{9-4}$$

假设灵敏元件(螺线管)从介质 1(磁导率 μ_1、磁化率 κ_1)进入介质 2(磁导率 μ_2、磁化率 κ_2),灵敏元件的电感从 L_1 变为 L_2,

$$L_1 = \frac{1}{4\pi I^2}\int_{V_1} \mu_0 H^2 \mathrm{d}V + \frac{1}{4\pi I^2}\int_{V_2} \mu_1 H^2 \mathrm{d}V \tag{9-5}$$

$$L_2 = \frac{1}{4\pi I^2}\int_{V_1} \mu_0 H^2 \mathrm{d}V + \frac{1}{4\pi I^2}\int_{V_2} \mu_2 H^2 \mathrm{d}V \tag{9-6}$$

式中:μ_0 为铁芯的磁导率,H/m;V_1、V_2 分别为铁芯内与铁芯外的体积,m³。

所以电感的增量为

$$\Delta L = L_2 - L_1 = \frac{\mu_2 - \mu_1}{4\pi I^2}\int_{V_2} H^2 \mathrm{d}V \tag{9-7}$$

$$\mu = \mu_0(1 + \kappa) \tag{9-8}$$

$$\Delta L = \frac{\mu_0(\kappa_2 - \kappa_1)}{4\pi I^2}\int_{V_2} H^2 \mathrm{d}V = \Delta\kappa \frac{\mu_0}{4\pi I^2}\int_{V_2} H^2 \mathrm{d}V \tag{9-9}$$

因此,灵敏元件电感的增量与介质磁化率的增量为正比关系。可以根据灵敏元件电感的增量计算出磁化率的增量,进而求出磁化率。

9.1.3 磁化率测井的应用

新一代的磁化率测井仪都采用贴壁测量的方式。探头是定向的,仪器用一个推靠器使得探头紧紧贴在井壁上,探头和井壁之间几乎没有间隙,消除了大部分泥浆的影响,减小了井径变化的影响。

磁化率测井的主要应用包括:①测量岩矿石的磁化率,根据磁化率差异划分钻孔剖面;②判断铁矿的层位,推算铁矿石的品位等;③在钻井工程中用来探测井下落物(钢铁部件);④套管腐蚀检测。

9.2 磁三分量测井

磁三分量测井(井中三分量磁测)是在井中测量磁场的 3 个分量,研究钻孔周围磁性岩矿体引起的地磁场异常变化,用于解决井周地质问题,例如:发现井旁盲矿并确定其空间位置;预报井底盲矿,估算可能见矿深度(蔡柏林等,1989)。

磁三分量测井和地面磁法勘探的基本原理是类似的,只是观测方式不同,地面磁法勘探一般是在磁异常体的上面沿着水平方向布置测线和测网,磁三分量测井一般是在磁异常体的上面或旁侧沿着垂直方向布置测线。

磁三分量测井的优点主要是:①干扰信号少;②距离异常体更近,异常更明显。

9.2.1 基本概念

众所周知,地球就像一个磁棒,地球上不同地点的磁场大小和方向都不同(图 9-2)。为了研究地磁场的分布特征,就要确定出地球上每一点的地磁场大小和方向。把表征地磁场大小和方向特征的物理量,称为地磁场要素(图 9-3)。常用的地磁场要素有 7 个:总地磁场强度 T、北向分量 X、东向分量 Y、垂向分量 Z、水平强度 H、磁偏角 D、磁倾角 I。

北向分量 X、东向分量 Y 和垂向分量 Z 分别是总地磁场强度 T 在 x 轴、y 轴和 z 轴上的

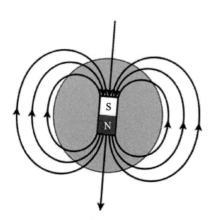

图 9-2 地球磁场分布示意图

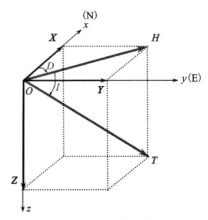

图 9-3 地磁场要素

分量,各分量与相应坐标轴的正向一致时为正,反之为负。水平分量 H 为总强度 T 在 xoy 平面上的分量。H 的指向为磁北,其延长线即是磁子午线。

磁偏角 D 为磁子午线(磁北)与地理子午线(地理北)的夹角。H 偏东时,D 为正,反之为负。磁倾角 I 为 T 与 xoy 平面的夹角。T 下倾时 I 为正,反之为负。

根据地磁要素在地理上的分布特征,可以认为地球的基本磁场和一个位于地球中心并与其旋转轴夹角为 $11.5°$ 的地心磁偶极子场很类似。这个地心磁偶极子的磁场强度占整个地磁场强度的 $80\%\sim90\%$,因此,地心磁偶极子场的空间分布也反映了整个地磁场空间分布的基本特征,被称为基本磁场或背景磁场。磁法勘探中把地球的基本磁场作为正常磁场。

在实际中,我们实测的地磁场与正常磁场之间若存在差异,这个差异就称为磁异常,这种磁异常一般由地壳中磁性较强的岩矿体被地磁场磁化引起(图 9-4)。

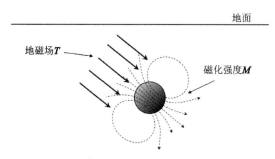

图 9-4 磁异常体在地磁场中被磁化并产生附加磁场

9.2.2 磁三分量测井原理

磁三分量测井探头里面有 3 个互相垂直的磁敏元件,安装在一个可以沿铅垂方向自由摆动和在水平方向自由转动的装置上,在重力的作用下 z 向磁敏元件一直垂直向下,测量垂向磁场分量大小 Z;x 和 y 向磁敏元件会随着仪器倾斜方向的变化而整体转动,其中 x(或 y)磁敏元件指向仪器倾斜方向,测量该方向的磁场大小 X(或 Y);同时记录测井仪器的倾角 Dip 和倾向 Azi。所以磁三分量测井的原始数据一般包括 X、Y、Z、Dip、Azi。

要计算磁异常,需要知道测量地点的正常磁场。可以选择地面磁测的基点或者磁场平稳地段中的一个点,用磁三分量测井仪器进行测量,将仪器略微倾斜(倾角 $5°\sim20°$),分别指向东、南、西、北 4 个方位,各测量 1 次,然后对 4 次测量值取平均值,得到正常磁场。即

$$Z_0 = \frac{Z_1+Z_2+Z_3+Z_4}{4} \tag{9-10}$$

$$H_0 = \frac{\sqrt{X_1^2+Y_1^2}+\sqrt{X_2^2+Y_2^2}+\sqrt{X_3^2+Y_3^2}+\sqrt{X_4^2+Y_4^2}}{4} \tag{9-11}$$

式中:X_1、Y_1、Z_1,X_2、Y_2、Z_2,X_3、Y_3、Z_3,X_4、Y_4、Z_4 为东、南、西、北 4 个方位测量的磁三分量值,Z_0 为估算的正常磁场垂向分量,H_0 为估算的正常磁场水平分量(其方向一般是磁北方向)。

然后,对数据进行处理可以得到磁异常垂向分量 ΔZ 和磁异常水平分量 ΔH,ΔZ 曲线以正常场为零线,左负右正(负值代表 ΔZ 指向朝上,正值代表 ΔZ 指向朝下)(图 9-5a)。ΔH 为实测磁场水平分量 H 和正常磁场水平分量 H_0 的矢量差(图 9-6)。

$$\Delta Z = Z - Z_0 \tag{9-12}$$
$$\Delta H = H - H_0 \tag{9-13}$$

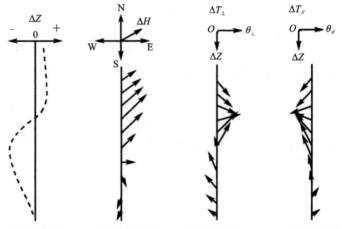

a. 异常垂直分量　　b. 异常水平分量　　c. 总异常投影$\Delta T_\perp$　　d. 总异常投影$\Delta T_{/\!/}$

图 9-5　井中三分量磁异常的结果图

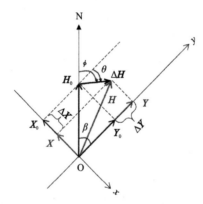

N 为磁北，y 轴指向为钻孔（即测井仪器）倾向，X 和 Y 为测井得到的两个水平分量。

图 9-6　磁异常水平分量 ΔH 的计算方法

ΔH 为一个矢量，我们要分别计算出它的模数和方向。具体步骤如下。

(1) 将正常场水平分量 H_0 投影到测点的水平分量 x、y 的方向上，得 X_0 和 Y_0。

$$X_0 = H_0 \sin\beta \tag{9-14}$$
$$Y_0 = H_0 \cos\beta \tag{9-15}$$

(2) 测点的水平分量 X、Y 减去正常场水平分量 X_0、Y_0 的差值，得到 x、y 方向上的磁异常分量 ΔX 和 ΔY。

$$\Delta X = X - X_0 \tag{9-16}$$
$$\Delta Y = Y - Y_0 \tag{9-17}$$

(3) 计算 ΔH 的模值 ΔH。

$$\Delta H = \sqrt{\Delta X^2 + \Delta Y^2} \tag{9-18}$$

(4)计算 ΔH 的方位角。

$$\phi = \theta + \beta \tag{9-19}$$

式中：

$$\theta = \begin{cases} \arctan\left|\dfrac{\Delta X}{\Delta Y}\right| & (\Delta X \text{ 正}, \Delta Y \text{ 正}) \\ \pi - \arctan\left|\dfrac{\Delta X}{\Delta Y}\right| & (\Delta X \text{ 正}, \Delta Y \text{ 负}) \\ \pi + \arctan\left|\dfrac{\Delta X}{\Delta Y}\right| & (\Delta X \text{ 负}, \Delta Y \text{ 负}) \\ 2\pi - \arctan\left|\dfrac{\Delta X}{\Delta Y}\right| & (\Delta X \text{ 负}, \Delta Y \text{ 正}) \end{cases} \tag{9-20}$$

(5)根据 ΔH 和 ϕ 作出 ΔH 矢量。

以图纸上方为磁北方向，以 ϕ 为方位角，ΔH 为长度作 ΔH 矢量图(图9-5b)。

有时候，还会用到总矢量 ΔT 在某个横剖面上的投影 $\Delta T_\perp$（垂直构造走向），或在某个纵剖面上的投影 $\Delta T_\parallel$（平行构造走向）(图9-7)。其计算步骤如下。

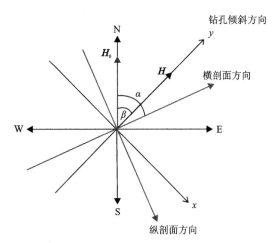

图 9-7 横剖面(垂直构造走向)和纵剖面(平行构造走向)

(1)磁异常水平分量 ΔH 在横剖面上的投影为 $\Delta H_\perp$，其大小为

$$\Delta H_\perp = H_\perp - H_{0\perp} = H\cos(\alpha - \beta) - H_0\cos(\alpha) \tag{9-21}$$

$\Delta H_\perp$ 的方位角为 α。

(2)总矢量 ΔT 在横剖面上的投影 $\Delta T_\perp$，其大小为

$$\Delta T_\perp = \sqrt{\Delta H_\perp^2 + \Delta Z^2} \tag{9-22}$$

$\Delta T_\perp$ 与水平面的夹角 γ 为

$$\gamma = \operatorname{arctg}(\Delta Z / \Delta H_\perp) \tag{9-23}$$

图 9-5c 给出了 $\Delta T_\perp$ 的示意图。

(3)磁异常水平分量 ΔH 在纵剖面上的投影 $\Delta H_\parallel$，其大小为

$$\Delta H_\parallel = H_\parallel - H_{0\parallel} = H\cos(\alpha - \beta + 90°) - H_0\cos(\alpha + 90°) \tag{9-24}$$

$\Delta H_\parallel$ 的方位角为 $\alpha + 90°$。

(4)磁异常总矢量 $\Delta \boldsymbol{T}$ 在纵剖面上的投影 $\Delta \boldsymbol{T}_{/\!/}$,其大小为

$$\Delta \boldsymbol{T}_{/\!/} = \sqrt{\Delta \boldsymbol{H}_{/\!/}^2 + \Delta \boldsymbol{Z}^2} \tag{9-25}$$

$\Delta \boldsymbol{T}_{/\!/}$ 与水平面的夹角 ω 为

$$\omega = \mathrm{arctg}(\Delta \boldsymbol{Z}/\Delta \boldsymbol{H}_{/\!/}) \tag{9-26}$$

图 9-5d 给出了 $\Delta \boldsymbol{T}_{/\!/}$ 的示意图。

9.2.3 磁三分量测井正演

1. 点磁极

点磁极相当于截面比其长度小很多的顺长轴磁化的向下无限延伸的柱状体(直立或倾斜)。此时只在柱体顶端聚集负磁荷,可近似看作点极。

设直角坐标系原点在点负磁荷上,m 为磁荷量,r 为点磁荷至 P 点距离(图 9-8),根据库仑定律及点磁极,在 P 点的磁位 V 为

$$V = \frac{m}{r} = \frac{m}{\sqrt{x^2 + y^2 + z^2}} \tag{9-27}$$

由点极所产生的磁场强度的 3 个分量 $\Delta \boldsymbol{X}$、$\Delta \boldsymbol{Y}$、$\Delta \boldsymbol{Z}$ 为

$$\begin{cases} \Delta \boldsymbol{X} = \dfrac{\partial V}{\partial X} = \dfrac{mx}{(x^2 + y^2 + z^2)^{3/2}} \\ \Delta \boldsymbol{Y} = \dfrac{\partial V}{\partial Y} = \dfrac{my}{(x^2 + y^2 + z^2)^{3/2}} \\ \Delta \boldsymbol{Z} = \dfrac{\partial V}{\partial Z} = \dfrac{mz}{(x^2 + y^2 + z^2)^{3/2}} \end{cases} \tag{9-28}$$

假设点磁极埋深 50m,坐标为(0,0,50),负磁极的磁荷 $m = -1$Wb,4 个垂直钻孔分别位于点磁极的东、南、西、北方向,钻孔深度 100m,钻孔距离点磁极 20m(图 9-9)。图 9-10 为点磁极在 4 个钻孔中产生的磁异常垂直分量 $\Delta \boldsymbol{Z}$ 和磁异常水平分量 $\Delta \boldsymbol{H}$(一般磁异常指向北或东为正值,指向南或西为负值)。可以看到,A、B、C、D 四个井的 $\Delta \boldsymbol{Z}$ 曲线形态特征一样,井 A 和井 D 的 $\Delta \boldsymbol{H}$ 曲线形态特征一样,井 B 和井 C 的 $\Delta \boldsymbol{H}$ 曲线形态特征一样。

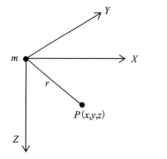

图 9-8 点磁极及空间坐标系

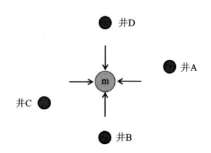

图 9-9 负点磁极周围钻孔分布平面示意图

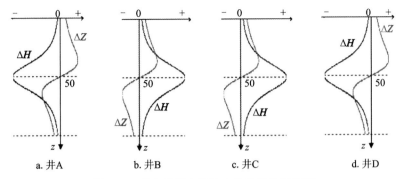

a. 井A   b. 井B   c. 井C   d. 井D

图 9-10 负点磁极在钻孔中的磁异常示意图

2. 球形磁异常体

当球体被垂直向下磁化时,即 $I=90°$,磁化强度矢量 $\boldsymbol{M}=\boldsymbol{M}_z$,球体体积为 V,磁矩 $\boldsymbol{m}=\boldsymbol{M}V$,球心坐标 O 为 $(0,0,D)$,空间任意一点 $P(x,y,z)$ 的磁三分量异常为

$$\Delta \boldsymbol{X} = \frac{\mu_0 \boldsymbol{m}}{4\pi [x^2+(z-D)^2]^{\frac{5}{2}}} \cdot 3x(z-D) \tag{9-29}$$

$$\Delta \boldsymbol{Y} = \frac{\mu_0 \boldsymbol{m}}{4\pi [x^2+(z-D)^2]^{\frac{5}{2}}} \cdot 3y(z-D) \tag{9-30}$$

$$\Delta \boldsymbol{Z} = \frac{\mu_0 \boldsymbol{m}}{4\pi [x^2+(z-D)^2]^{\frac{5}{2}}} \cdot [2(z-D)^2-x^2-y^2] \tag{9-31}$$

式中:μ_0 为真空磁导率,$\mu_0=4\pi\times10^{-7}\mathrm{H/m}$。

在球体的东、南、西、北方向布置 4 个垂直钻孔(参考图 9-9),钻孔深度 100m,钻孔距离球心 20m。地磁场强度 $T=49\,000\mathrm{nT}$,球体半径为 5m,球心埋深 50m,球心坐标 $(0,0,50)$。图 9-11 展示了球形异常体在钻孔中的磁异常,可以看到球体在东、南、西、北方向 4 个垂直钻孔中产生的磁异常垂直分量 ΔZ 是相同的,井 A 和井 D 的磁异常水平分量 $\Delta \boldsymbol{H}$ 是相同的,井 B 和井 C 的磁异常水平分量 $\Delta \boldsymbol{H}$ 是相同的。

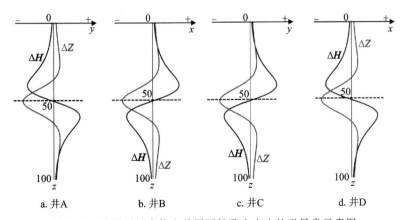

a. 井A   b. 井B   c. 井C   d. 井D

图 9-11 球形磁异常体在其周围钻孔中产生的磁异常示意图

9.3 井中瞬变电磁法

瞬变电磁法（transient electromagnetic method，TEM），是利用不接地回线或接地电极向地下发送脉冲式一次电磁场，用线圈或接地电极观测由该脉冲电磁场感应出的地下涡流产生的二次电磁场的空间和时间分布，从而探测地下介质的电阻率分布情况，解决有关地质问题的一种时间域电磁法。

按其工作方式可分为航空瞬变电磁法、海洋瞬变电磁法、地面瞬变电磁法、矿井瞬变电磁法、井中瞬变电磁法等多种形式。

9.3.1 瞬变电磁法的基本原理

瞬变电磁法的测量仪器由发射线圈、接收线圈、主机、数据采集器构成。瞬变电磁法的基本原理就是基于电磁感应定律，利用不接地回线向地下发射脉冲磁场，在脉冲磁场间歇期间，利用线圈观测二次场的衰减信号（图 9-12）。

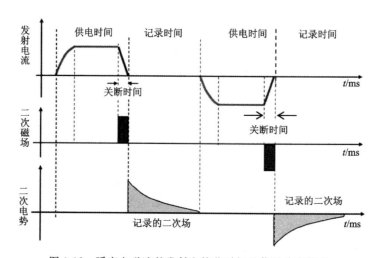

图 9-12 瞬变电磁法的发射和接收时间及信号分布特点

二次场衰减过程一般分为早期、中期和晚期（图 9-13）。早期的电磁场相当于频率域中的高频成分，衰减快，趋肤深度小；而晚期成分则相当于频率域中的低频成分，衰减慢，趋肤深度大。所以，通过测量断电后各个时间段的二次场随时间变化规律，可得到不同深度地层的电导率特征。

美国地球物理学家 Nabighian 最早研究了断电后二次涡流的分布情况，他指出：任一时刻均匀大地的涡电流产生的磁场都可等效为一个水平环状线电流产生的磁场。随着时间的推移，这个地下涡电流向下、向外扩散的现象被称为"烟圈效应"（图 9-14）。

9.3.2 井中瞬变电磁法的特点

井中瞬变电磁法通常在地面发射电磁场信号，在钻孔中接收电磁场信号，也叫地-井瞬变

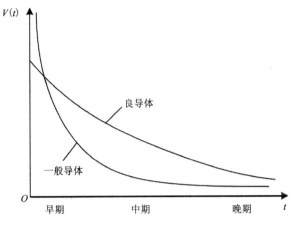

图 9-13 瞬变电磁法二次场随时间衰减示意图

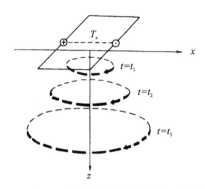

图 9-14 地下半空间中等效感应涡电流形成的"烟圈效应"

电磁法(图 9-15)。地-井瞬变电磁法以低阻地质目标体为探测对象,围绕该目标体在地面布设发射回线,发射瞬变一次场,接收探头置于钻孔中逐点测量地下介质产生的感应二次电磁场,如图 9-15 所示。通过研究井中感应二次场在空间和时间上的变化特征,可以了解钻孔周围地层的电性分布情况,进而发现井旁和井底的低阻电性异常体,或推断已发现地质体的空间分布与延伸方向。

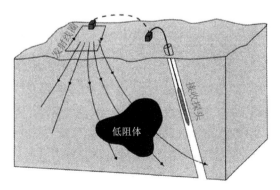

图 9-15 井中瞬变电磁法的工作方法示意图

根据法拉第电磁感应定律,切断发射电流,井旁低阻球体立即感应出涡流(图9-16a)。早期涡流分布类似于高频电磁场中的趋肤效应,集中分布在球体表面(图9-16b)。随着时间的推移,涡流逐步向球体中心移动(中期,图9-16c),中期涡流因为热损耗衰减较快。最后涡流空间分布不再随时间改变(晚期),球体中心电流线密集,外围稀疏(图9-16d)。该晚期涡流产生的磁场和周围的背景场会随时间呈指数衰减,直到消失。

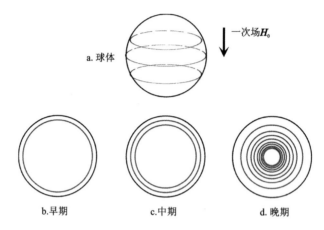

图9-16　低阻球体中涡流的分布与变化(a为立体图,b、c、d为赤道面)

由于接收探头位于钻孔中,地-井瞬变电磁法具有常规地面瞬变电磁法所不具备的一些优势:①接收探头更接近地下低阻体,能采集到更强的二次电磁场响应信号;②受导电覆盖层以及外部电磁干扰较小;③具有较深的勘探深度(取决于钻孔深度);④纵向分辨力强,能探测到良导体的深度、产状及延伸方向等信息;⑤由于观测的是感应二次场,具有旁测能力,可以探测井旁和井底的电性异常。

井中瞬变电磁测量的是 z、x、y 三个方向上感应二次磁场随时间的变化率,单位为 nT/s。轴向分量 Z 的方向始终沿钻孔轴向并指向钻孔上方,径向分量 X、Y 的方向则需根据钻孔的倾角情况灵活选择,当钻孔为直孔(钻孔倾角小于 3°)时,径向正向定义采用磁场定向系统,进行数据校正后,分量 X 指向磁北,分量 Y 指向西,3 个分量的正方向适用于右手定则。

井中瞬变电磁 3 个分量 Z、X、Y 的正方向确定后,可根据三分量曲线响应特征对地下低阻电性异常体的中心方位进行判断(图9-17)。当轴向分量 Z 响应曲线为正异常时,表明钻孔穿过低阻地质异常体;当响应曲线为负异常时,则表明低阻地质异常体位于钻孔旁。对于径向分量 X、Y,当 X(或 Y)响应曲线表现为由负到正的正"S"特性时,表明低阻地质异常体中心位于钻孔的正方向;反之,则位于钻孔的负方向。

井中瞬变电磁法旁测范围受多种因素的影响,如发射回线边长、发射电流大小、目标体尺寸、形态及导电率、仪器灵敏度等(蒋邦远,1998)。研究表明,条件较好时,井中瞬变电磁旁测范围可达 200m。

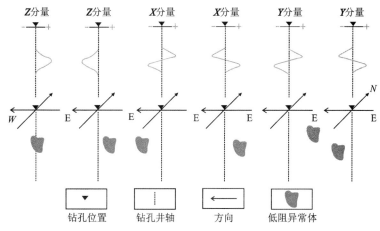

图 9-17 井中瞬变电磁法判断低阻异常体方位示意图

9.3.3 板状体的地-井 TEM 响应特征

图 9-18 为半空间中板状导电体的地-井 TEM 响应曲线。在每一个深度点上对二次场衰减曲线在时间上采集 22 个样点,这些样点能反映二次场的强弱和衰减的情况。图 9-18 中钻孔越靠近板状导电体,磁场强度 Z 分量越大,在板状导电体处 X 分量和 Y 分量分别呈现正"S"和反"S"异常。

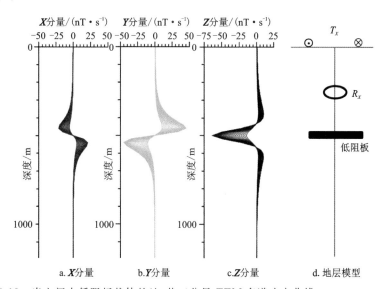

图 9-18 半空间中低阻板状体的地-井三分量 TEM 多道响应曲线(据段书新等,2018)

图 9-19 为某钻孔中实测的三分量地-井 TEM 多道响应曲线。该项目采用 Crone PEM 系统对钻孔进行了中心方位的井中瞬变电磁三分量测量,工作参数为:发射回线 200m×200m、电流 15A、时基 20ms、下降沿 0.5ms。在图 9-19 中:①Z 分量未见明显异常,其原因在于背景围岩响应在综合响应中占比较高,目标体响应被"淹没"在背景围岩响应中。②X、Y 分量在 190m 深度位置处异常幅值明显,推测为良导电矿体所致。结合区域地质信息,推测孔旁存在盲赤铁矿(化)。③190m 深度位置处,Y 分量呈反"S"特征,推测赤铁矿(化)位于钻孔南部。

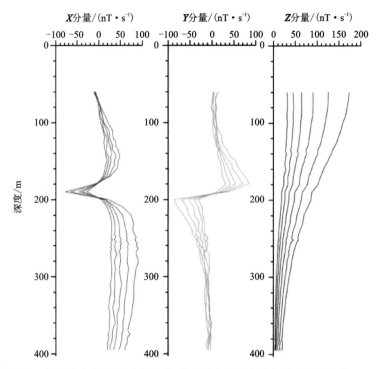

图 9-19 某钻孔中实测的三分量地-井 TEM 多道响应曲线(据段书新等,2018)

9.4 井中激发极化法

本书 5.1.3 节介绍了岩石极化率的概念,从原理上说,井中激发极化法和地面激发极化法一样,都是以岩石极化率(激发极化效应)差异为基础。可以认为,井中激发极化法是地面激发极化法借助钻孔向地下深处的探测,也是激发极化测井向钻孔周围空间的扩展。

井中激发极化法主要包括 3 种测量方式:地-井工作方式、井-地工作方式和井-井工作方式。

最常用的测量方式是地-井工作方式,即供电电极 A 位于地面(井口附近),电极 B 距离井口特别远,电极 M 和 N 位于钻孔中测量(图 9-20)。

对于不均匀的地层岩石,视极化率的定义为

$$\eta_s = U_2/U_3 \tag{9-32}$$

式中:U_3 为总电位差,V;U_2 为二次场电位差,V。

为了突出异常,有时也用二次场异常电位差 ΔU_2^a(实测值减去背景场)表示激发极化异常。

$$\Delta U_2^a = U_2 - \eta_B U_3 \tag{9-33}$$

式中:η_B 为背景岩石的极化率,无单位。

实际测量中,通常是在激电测井曲线上选取非激化围岩段视极化率的平均值作为背景值,这样就可以突出井旁盲矿的异常。因此可以用二次场异常电位差曲线代替视极化率曲线。

二次场异常电位差曲线的影响因素较多,如测量装置和点距的选择、方位测量的最佳偏移距 r,以及方位数的确定、无穷远极距的确定、背景值的选择等。

图 9-21 为在井口不同方位供电时,球形矿体在井中产生的二次场异常电位差 ΔU_2^a 曲线。金属矿矿体在井口西边,A_1 极为正方位供电,A_2 极为反方位供电。

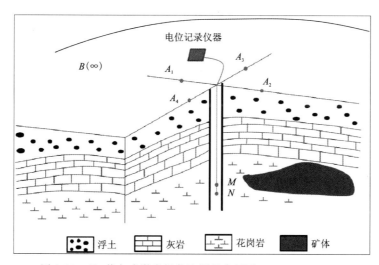

图 9-20　地-井方式激发极化法测量布置图（A 供电,MN 测量）

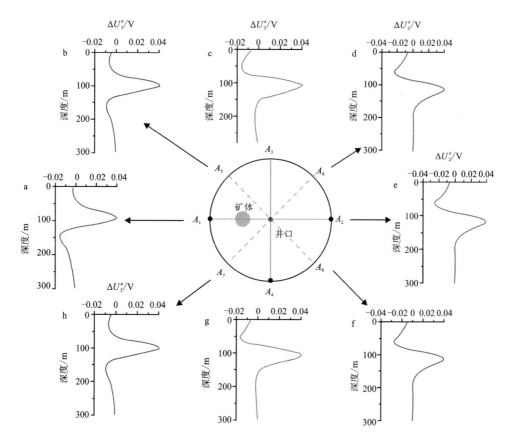

图 9-21　在井口不同方位供电时,球形矿体产生的二次场异常电位差曲线

A_1 极置于球体所在正方位,以垂直极化为主,忽略上部小负异常,则主方位上特征曲线是上正下负的反"S"形。图 9-21a、b、h 中的曲线形态基本一致。

A_2 极置于球体所在反方位,垂直极化减弱,水平极化加强,曲线形态为正"S"形。图 9-20c～g 中的曲线形态基本一致。

图 9-22 为在井口不同方位供电时,水平板状体产生的二次场异常电位差曲线。

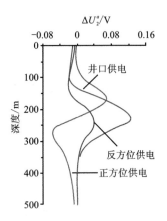

图 9-22 在井口不同方位供电时,水平板状体产生的二次场异常电位差曲线

10　跨孔地球物理成像

当测区有两个或多个钻孔时,可以将发射探头和接收探头分别布置在两个不同钻孔中,对两个钻孔之间的区域进行探测和成像,即跨孔(井间)成像。跨孔成像方法兼具地面物探方法和井中物探方法的优点,能够对地下深处的岩层进行高分辨率成像,广泛应用于工程、环境和水文等领域的地质勘探工作中。

常用的跨孔成像方法包括跨孔电磁波(雷达)层析成像(cross-hole electromagnetic tomography)和跨孔地震(声波)层析成像(cross-hole seismic tomography)和跨孔电阻率层析成像(cross-hole resistivity tomography)等。

10.1　跨孔电磁波层析成像

跨孔电磁波层析成像是在两个钻孔中分别发射和接收电磁波信号,利用电磁波信号进行成像并解释推断井间岩石电性参数和地质构造的地球物理方法。由于发射机和接收机分别放置在很深的钻孔中,它具有入地深度大、透距也较大的特点。

针对不同的探测需求,跨孔电磁波层析成像方法又可以划分为跨孔雷达层析成像、跨孔无线电波成像和跨孔电磁成像。由于每种方法发射电磁波的频率不同,这几种方法的探测性能和应用领域各不相同(表10-1)。

表10-1　跨孔电磁法的主要仪器类型

跨孔电磁方法	主要应用	工作频率	天线类型	信号类型	时频类型
跨孔雷达层析成像	工程物探、找矿	100~250MHz	偶极天线	脉冲波	时间域
跨孔无线电波成像	工程物探、找矿	0.1~35MHz	分段宽带地下天线 环形天线	连续波	频率域
跨孔电磁成像	油田开发	1~1848Hz	磁偶极子源	连续波	频率域

跨孔雷达层析成像是地质雷达的一种探测方式,用高频电磁脉冲探测两个钻孔之间介电常数和电导率的变化。跨孔雷达层析成像既可进行走时成像,还可进行衰减成像。一般来说,跨孔雷达层析成像使用的电磁波频率较高,中心频率在10MHz~1GHz之间,穿透距离小于10m,分辨率比较高,主要用于工程与环境地球物理勘查。

跨孔无线电波成像目前只测量电场强度数据,工作频率低,一般是单频的电磁波,频率范围在 10kHz~10MHz 之间。由于缺少走时数据,无法修正射线路径,跨孔无线电波成像主要是基于直射线追踪的衰减层析成像。跨孔无线电波成像既可用于工程与环境地球物理勘查,也可用于固体矿产勘探。

跨孔电磁成像采用更低的频率(通常小于 2kHz),穿透距离更大,测量复电磁信号,适合油气储集层监测。多个试验区的初步试验表明,跨孔电磁成像是油藏研究的有效手段,可用于分析剩余油分布,寻找油气富集区,进而达到提高钻井成功率和提高采收率的目的。

10.1.1 跨孔电磁波层析成像基本原理

岩石中电磁波速度很快(接近光速),走时数据较难采集,因此跨孔无线电波成像测井一般只测量电场强度数据。由于缺少走时数据修正射线路径,跨孔无线电波成像主要基于直射线追踪的衰减层析成像(武焕平,2021)。当跨孔电磁波成像采用半波偶极天线激励,鞭状天线在远场区接收时,接收端的场强 E 可以表示为

$$E = E_0 \frac{e^{-\beta r}}{r} f(\theta) \tag{10-1}$$

式中:E_0 为初始电场强度;β 表示电磁波在传播介质中的衰减系数(吸收系数),衰减系数的单位可以采用 dB/m 或者 Np/m,转换关系为 $1\text{Np/m}=8.686\text{dB/m}$;$r$ 为发射点与接收点之间的距离;$f(\theta)$ 为方向因子函数,$f(\theta)=\cos(\pi/2\cos(\theta))$,$\theta$ 为发射天线与射线方向之间的夹角。实际工作中,由于接收天线接收到的电场强度很小,一般用 dB 表示,$E(\text{dB})=20\lg E$。

由式(10-1)可以得到:

$$\beta r = \ln \frac{E_0 f(\theta)}{Er} \tag{10-2}$$

将测量区域(两个钻孔之间的地层)网格化(图 10-1a),对式(10-2)离散化处理,得到第 i 条射线观测值的计算方程:

$$\sum_{ij} r_{ij}\beta_j = d_i \tag{10-3}$$

式中:$i=1,2,\cdots,K$,K 为射线总条数,$j=1、2、\cdots、L$,L 为网格单元的总数。β_j 是第 j 个网格电磁波的吸收系数;r_{ij} 是第 i 条射线在第 j 个网格中的射线长度;d_i 是第 i 条射线的测量值,射线和网格图如图 10-1a 所示。

$$d_i = \ln \frac{E_0 f(\theta)_i}{E_i r_i} \tag{10-4}$$

由上述理论,假设 R 是 K 条电磁波射线在 L 个网格单元中的射线元组成的 $K \times L$ 维矩阵;X 是电磁波吸收系数组成的矩阵[$X=(\beta_1,\beta_2,\cdots,\beta_L)^T$];$D$ 为接收场强的观测值[$D=(d_1,d_2,\cdots,d_K)^T$]。将上式表示为通用矩阵方程形式,则有

$$RX = D \tag{10-5}$$

求解上述线性方程组,就能够得到井间网格的吸收系数,进而得到吸收系数的分布图(图 10-1b)。

实践中,网格离散化后,每条射线仅穿过少数网格单元,所以矩阵 R 为一个大型稀疏矩阵,线性方程组通常也是病态的。为了能够稳定快速求解方程(10-5),常用的计算方法有代数重建

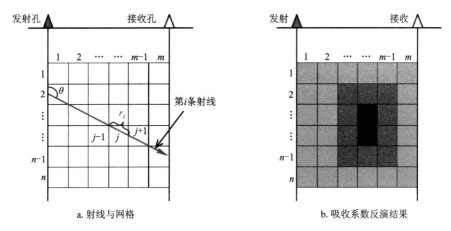

a.射线与网格　　　　　　　　　b.吸收系数反演结果

图 10-1　跨孔电磁波成像的原理

法(algebraic reconstruction technique,ART)、共轭梯度法(conjugate gradient method,CGT)、奇异值分解法(singular value decomposition,SVD)、联合迭代法(simultaneous iterative reconstruction technique,SIRT)、最小二乘正交分解法(least squares QR-decomposition,LSQR)等。最终得到研究区域的吸收系数分布等值线图,进而圈定出吸收系数异常的目标体。

10.1.2　测量方式

跨孔电磁波方法常用的测量方式包括定发(发射端固定,接收端移动)、水平同步(同时上下移动)、斜同步(同时上下移动)等(图 10-2)。测量结果为一条随深度变化的电场强度曲线。

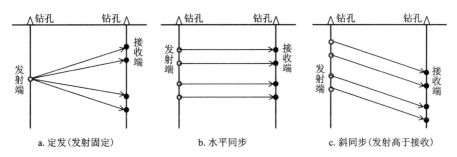

a.定发(发射固定)　　　　b.水平同步　　　　c.斜同步(发射高于接收)

图 10-2　传统跨孔电磁波法常用测量方式

图 10-3 为跨孔电磁波法施工示意图。发射端主要包括发射上天线、发射下天线、发射探头、短路接头、电缆、绞车等。接收端主要包括接收天线、接收探头、电缆、绞车、主控机等。

目前,普遍采用逐点扫描的测量方法,得到很多条电场强度曲线(图 10-4),实现对井间地层(网格)的全覆盖,进而反演出井间地层的吸收系数分布。

10.1.3　应用案例

图 10-5 为某铜矿矿区的井间电磁波层析成像结果。铜矿矿体吸收系数一般大于 0.90dB/m,闪长岩吸收系数为 0.85～0.90dB/m,褐铁矿化凝灰岩的吸收系数为 0.70～0.85dB/m,凝灰岩的吸收系数低于 0.70dB/m。

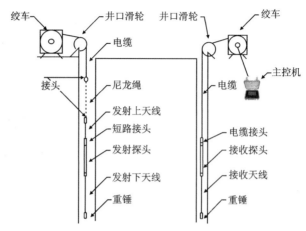

图 10-3 跨孔电磁波法施工示意图

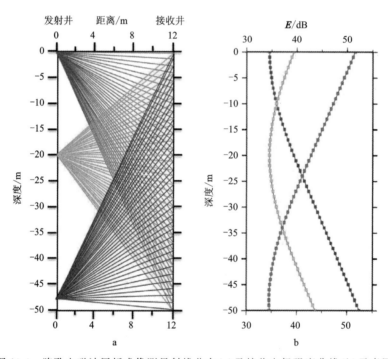

图 10-4 跨孔电磁波层析成像测量射线分布(a)及接收电场强度曲线(b)示意图

可以看到,ZK26 井在高程 760m 处存在高吸收系数的矿体,ZK27 井在高程 776m、724m、704～712m 处存在高吸收系数的矿体。两个钻孔中间的区域没有高吸收系数的矿体,表明两个钻孔中的矿体在横向上延伸较小。

值得注意的是,在剖面内高程 750～790m、横坐标 30m 左右处有一条近于垂直的不连续带,说明可能存在断层,该断层也是两个钻孔中的矿体在横向上不连通的原因。

图 10-6 为广西某地工程勘查中的跨孔电磁波层析成像结果。钻孔岩芯主要为石灰岩和白云质灰岩(高电阻率,低吸收系数),图中高吸收系数的区域大概率为岩溶发育带。井 4 中钻遇的两个岩溶带埋深约 30m 和 37m,井 5 中钻遇的岩溶带埋深约 25m。图像中显示井 5 中

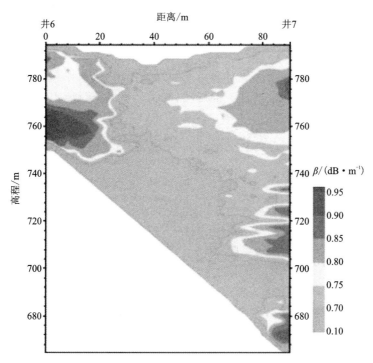

图 10-5　某铜矿矿区跨孔电磁波层析成像结果

的岩溶带向下向左延伸,并产生两个分支,所以井 4 中钻遇两个岩溶带。

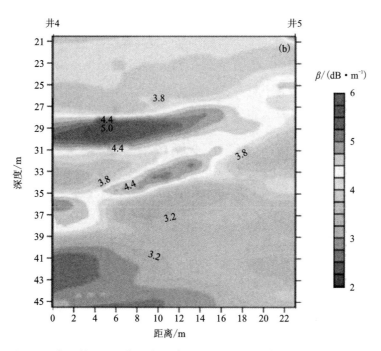

图 10-6　广西某地工程勘查中的跨孔电磁波层析成像结果(据欧洋等,2019)

10.2 跨孔地震层析成像

地表环境噪声干扰和浅部沙土层对地震波的衰减作用,致使地面地震勘探精度降低,而跨孔地震层析成像法可以避免这些因素的影响,并提高纵向分辨能力,因此在工程领域很受欢迎。

跨孔地震层析成像是将震源与检波器(水听器)分别放置在两个不同的钻孔中,在介质内部进行激发和接收(图10-7)。

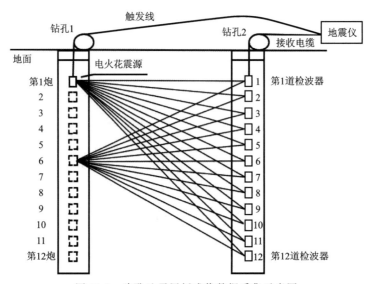

图 10-7　跨孔地震层析成像数据采集示意图

将震源和检波器放置在钻井中更加接近目标体,深入岩层内部激发和测量地震波信号,可以获得信噪比更高的地震数据,有利于提高地震探测的分辨率,精确识别探测区域地层中异常体的位置、大小和空间分布形态。

跨孔地震层析成像的反演方法和井间电磁波层析成像的反演方法是相似的。图 10-8 是跨孔地震层析成像在岩溶探测中的应用,图像左上部(深色区)存在低速异常,可能是破碎带或者溶洞。

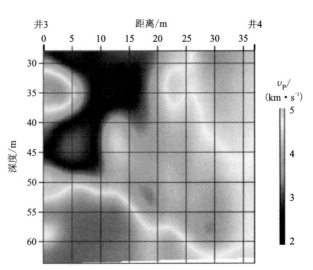

图 10-8　跨孔地震层析成像在岩溶探测中的应用

(v_p为纵波速度)

10.3 跨孔电阻率层析成像

跨孔电阻率层析成像是基于目标体与围岩间的导电性差异，将电极置于钻孔中进行测量，采集电位值，再反演电阻率信息，对孔间的目标体进行识别和定位。跨孔电阻率层析成像的优点在于：测点更接近目标体，信号传输路径简单，信号保真度大，提高了原始数据信噪比，数据更准确，进而提高了勘探精度。

常用的观测装置包括二极装置、三极装置、四极装置（图 10-9）。四极装置又包含 AM-NB 型、AB-MN 型、A-BMN 型（图 10-10）。

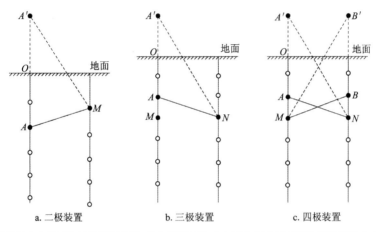

A、B 为供电电极，M、N 为测量电极；A' 和 B' 分别为点电源 A 和 B 以地面为对称面的虚电源。

图 10-9　跨孔电阻率层析成像的常用测量装置

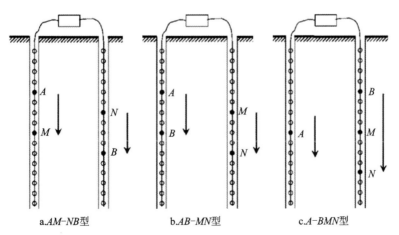

图 10-10　跨孔电阻率层析成像中的几种四极装置

二极装置类型通常是供电电极 A 在一个钻孔中，测量电极 M 在另一个钻孔中；供电电极 A 由地面向下每移动一个极距，测量电极 M 均需完成所在钻孔的所有测点观测，直至电极 A 逐点从首端移动到末端。二极装置视电阻率 ρ_s 计算公式为

$$\rho_s = \frac{4\pi}{\frac{1}{AM}+\frac{1}{A'M}} \times \frac{U_M}{I} \tag{10-6}$$

$$U_M = \frac{I\rho_s}{4\pi}\left(\frac{1}{AM}+\frac{1}{A'M}\right) \tag{10-7}$$

式中：U_M 是电极 A 在 M 点产生的电位，V；I 为电极 A 的供电电流，A；AM 为电极距离，m；A' 是镜像法中电极 A 对应的虚电极。

三极装置类型分两类：一类是供电电极 A 处于一个钻孔中，测量电极 M、N 处于另一个钻孔中，由于测量电极间距相对供电间距很小，测量的电位近似于相等，故测量效果不佳，极少使用；另一类装置为供电电极 A 与测量电极 M 处于同一个钻孔，测量电极 N 放置在另一个钻孔中（图 10-9b）。测量过程：保持电极 A、M 的间距不变，依次整体由首端移至末端，每移动一次，电极 N 需完成所在钻孔中所有测点的测量；当电极 A、M 移动至末端完成后，可根据实际情况更改间距，再次测量。同理可得三极装置视电阻率 ρ_s。

$$\rho_s = \frac{4\pi}{\frac{1}{AM}+\frac{1}{A'M}-\frac{1}{AN}-\frac{1}{A'N}} \times \frac{\Delta U_{MN}^A}{I} \tag{10-8}$$

式中：ΔU_{MN}^A 为电极 A 在 M 和 N 点产生的电位之差，V；AM 和 AN 均为电极距离，m。

四极装置类型是将供电电极 A 与测量电极 M 布置在同一钻孔中，供电电极 B 与测量电极 N 布置在另一钻孔中，保持 $AM=NB=$ 固定电极距，电极 A、M 依次整体由首端移至末端，每移动一次，电极 N、B 也需整体移动完成所在钻孔中所有测点的测量。根据镜像法，且不考虑二次虚电源的影响，则 M 和 N 之间的电位差为

$$\Delta U_{MN} = (U_M^A+U_M^{A'}+U_M^B+U_M^{B'})-(U_N^A+U_N^{A'}+U_N^B+U_N^{B'}) \tag{10-9}$$

式中：A' 和 B' 分别为点电源 A 和 B 以地面为对称面的虚电源。可以得到四极装置的视电阻率 ρ_s 计算公式：

$$\begin{cases} \Delta U_{MN} = \dfrac{I\rho}{4\pi}\left(\dfrac{1}{AM}+\dfrac{1}{A'M}-\dfrac{1}{BM}-\dfrac{1}{B'M}-\dfrac{1}{AN}-\dfrac{1}{A'N}+\dfrac{1}{BN}+\dfrac{1}{B'N}\right) \\ \rho_s = \dfrac{4\pi}{\left(\dfrac{1}{AM}+\dfrac{1}{A'M}-\dfrac{1}{BM}-\dfrac{1}{B'M}-\dfrac{1}{AN}-\dfrac{1}{A'N}+\dfrac{1}{BN}+\dfrac{1}{B'N}\right)} \times \dfrac{\Delta U_{MN}}{I} \end{cases} \tag{10-10}$$

与地表电阻率探测相比，跨孔电阻率层析成像采用跨孔"透视对穿"的观测方式，可获取与孔间介质地电结构密切相关的大量有用数据，因此该方法在分辨率和探测精度方面具有天然优势。但是，多解性问题是地球物理探测的固有难题，跨孔电阻率层析成像也不例外。由于多解性问题的存在，容易产生假异常，同时对定位精度和分辨率也有影响。

李术才等（2015）提出了不等式约束反演成像方法，将表征电阻率变化范围的不等式约束作为先验信息引入跨孔电阻率层析成像反演方程中，另外还提出了偏导数矩阵并行解析快速求解算法，在保证求解效率的同时提高了成像精度。

图 10-11 为跨孔电阻率层析成像在溶洞探测中的应用结果。岩溶发育带比围岩电阻率低很多，比较容易识别，在电阻率层析图像中为深色（图 10-11a）。图 10-11b 为根据电阻率图像推测出的地质剖面。在实际工作中，如果溶洞位于两个钻孔所在的剖面内，成像结果就比

较可靠；如果溶洞不在两个钻孔所在的剖面内，成像结果就不准确了，所以钻孔位置的选择也是十分关键的一个因素。

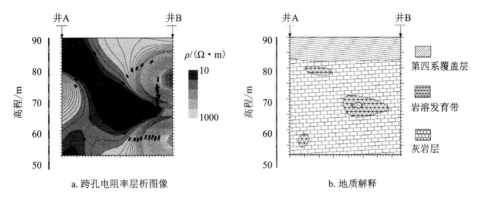

图10-11　跨孔电阻率层析成像在溶洞探测中的应用(据丁贺权,2021)

主要参考文献

蔡柏林,王作勤,杨坤彪,1989.井中磁测物理-地质模型及其应用[M].北京:地质出版社.

邓克俊,谢然红,2010.核磁共振测井理论及应用[M].东营:中国石油大学出版社.

丁贺权,2021.跨孔电阻率CT法在贵阳轨道交通L2岩土工程勘察中的应用[J].中国市政工程,46(1):49-51.

段书新,刘文泉,许幼,等,2018.井中瞬变电磁纯异常提取方法及其在热液型铀矿勘查中的应用[J].世界核地质科学,35(4):225-232.

高杰,张锋,车小花,2022.地球物理测井方法与原理[M].北京:石油工业出版社.

郭海敏,宋红伟,刘军锋,2021.生产测井原理与资料解释[M].北京:石油工业出版社.

蒋邦远,1998.实用近区磁源瞬变电磁法勘探[M].北京:地质出版社.

康正明,柯式镇,2022.电阻率成像测井技术[M].北京:中国石化出版社.

李术才,刘征宇,刘斌,等,2015.基于跨孔电阻率CT的地铁盾构区间孤石探测方法及物理模型试验研究[J].岩土工程学报,37(3):446-457.

刘红岐,夏宏泉,吴宝玉,2017.复杂油气藏随钻测井与地质导向[M].北京:科学出版社.

刘红岐,张元中,2018.随钻测井原理与应用[M].北京:石油工业出版社.

刘亮,骆淼,丁慧,等,2021.镇泾油田延长组储层测井评价技术[M].长春:吉林大学出版社.

刘四新,冉利民,赵永刚,等,2015.电磁波测井方法原理及应用[M].北京:科学出版社.

刘向君,刘堂晏,刘诗琼,2018.测井原理及工程应用[M].北京:石油工业出版社.

马火林,骆淼,赵培强,等,2019.地球物理测井资料处理解释及实践指导[M].武汉:中国地质大学出版社.

欧洋,高文利,李洋,等,2019.估计辐射参数的井间电磁波层析成像技术[J].地球物理学报,62(10):3843-3853.

潘和平,马火林,蔡柏林,等,2009.地球物理测井与井中物探[M].北京:科学出版社.

宋延杰,陈科贵,王向公,2011.地球物理测井[M].北京:石油工业出版社.

谭茂金,2017.油气藏核磁共振测井理论与应用[M].北京:科学出版社.

王贵文,郭荣坤,2000.测井地质学[M].北京:石油工业出版社.

王贵文,赖锦,信毅,等,2023.致密油气储层岩石物理相测井评价方法及应用[M].北京:科学出版社.

武焕平,2021.井间电磁波 CT 成像图像重建算法[D].长春:吉林大学.

肖立志,1998.核磁共振成像测井与岩石核磁共振及其应用[M].北京:科学出版社.

肖立志,张元中,吴文圣,等,2010.成像测井学基础[M].北京:石油工业出版社.

谢然红,肖立志,王忠东,等,2008.复杂流体储层核磁共振测井孔隙度影响因素[J].中国科学(D 辑)(S1):191-196.

杨斌,2017.油气地球物理测井原理[M].北京:科学出版社.

章成广,江万哲,潘和平,2009.声波测井原理与应用[M].北京:石油工业出版社.

章成广,唐军,蔡明,等,2021.超深裂缝性致密砂岩储层测井评价方法与应用[M].北京:科学出版社.

邹才能,杨智,张国生,等,2023.非常规油气地质学理论技术及实践[J].地球科学,48(6):2376-2397.

邹长春,谭茂金,尉中良,等,2010.地球物理测井教程[M].北京:地质出版社.

DUNN K J, BERGMAN D J, LA TORRACA G A, 2002. Nuclear magnetic resonance: petrophysical and logging applications[M]. Amsterdam: Pergamon.

EL-BEHIRY M, AL ARABY M, RAGAB R, 2020. Impact of phase rotation on reservoir characterization and implementation of seismic well tie technique for calibration offshore Nile Delta, Egypt[J]. The Leading Edge, 39(5): 346-352.

GLOVER P, 2015. Geophysical properties of the near surface earth: electrical properties in the treatise on geophysics[M]. Oxford: Elsevier.

WAFF H S, 1974. Theoretical considerations of electrical conductivity in a partially molten mantle and implicaltions for geothermometry[J]. Journal of Geophysical Research, 79(26): 4003-4010.

WANG H, TOKSÖZ M N, FEHLER M C, 2020. Borehole acoustic logging-theory and methods[M]. New York: Springer.

YANG H, LI L, LUO T, et al., 2019. A fault-tolerant integrated borehole trajectory location method based on geomagnetism/IMU of MWD[J]. IEEE Access, 7(1): 156 065-156 076.